"十四五"职业教育国家规划教材

"十三五"职业教育国家规划教材
"十二五"职业教育国家规划教材

新 时 代 职 业 教 育 创 新 发 展 标 杆 建 设 成 果
国 家 现 代 职 业 教 育 改 革 创 新 示 范 区 成 果
首 个 职 业 教 育 国 家 级 教 学 成 果 特 等 奖 推 广 应 用 成 果
《 中 国 职 业 教 育 发 展 报 告 2 0 1 2 — 2 0 2 2 年 》 推 广 成 果
鲁 班 工 坊 国 际 发 展 研 究 中 心 （ L B _ I D R C ） 研 究 成 果
工 程 实 践 创 新 项 目 （ E P I P ） 教 学 模 式 系 列 教 材

Installation & Testing of
Automatic Production Line (4th Edition)

自动化生产线安装与调试

（第四版）

吕景泉　耿　洁 ◎ 主　编
王兴东　胡仲伟 ◎ 副主编

中国铁道出版社有限公司
CHINA RAILWAY PUBLISHING HOUSE CO., LTD.

内 容 简 介

本书是基于工程实践创新项目、面向全国职业院校技能大赛、服务应用技术大学、高等职业教育本科、高等职业教育专科机电类专业综合职业能力培养的立体化综合实训教材。

本书主要内容包括EPIP教学模式、自动化生产线简介、自动化生产线核心技术应用、自动化生产线各单元安装与调试、自动化生产线整体安装与调试、自动化生产线技术拓展等。其主要特点是以全国职业院校技能大赛、东盟技能大赛"自动化生产线安装与调试"赛项和首届世界职业院校技能大赛（简称"世校赛"）"智能产线安装与调试"赛项指定的典型工程项目为载体，将工程项目分解为若干子项目、将总任务分解为若干子任务进行循序渐进的讲述。编写紧扣"工程化、实践性、创新型、项目式"，遵循实用性、先进性、可读性原则，力求提高学生学习兴趣和效率，实现易学、易懂、易上手的目的。

本书适合作为应用技术大学、高等职业教育本科、高等职业教育专科机电类专业相关课程的教材，并可作为工程技术人员研究自动化生产线的参考书。

图书在版编目（CIP）数据

自动化生产线安装与调试/吕景泉，耿洁主编．—4版．—北京：中国铁道出版社有限公司，2022.12（2025.1重印）
"十三五"职业教育国家规划教材 "十二五"职业教育国家规划教材
ISBN 978-7-113-29960-6

Ⅰ.①自… Ⅱ.①吕… ②耿… Ⅲ.①自动生产线 - 安装 - 职业教育 - 教材②自动生产线 - 调试方法 - 职业教育 - 教材 Ⅳ.① TP278

中国国家版本馆 CIP 数据核字（2023）第 026102 号

书　　名	**自动化生产线安装与调试** ZIDONGHUA SHENGCHANXIAN ANZHUANG YU TIAOSHI
作　　者	吕景泉　耿　洁
策　　划	祁　云　　　　　　　编辑部电话：（010）63549458
责任编辑	祁　云　何红艳
封面设计	刘　颖
责任校对	刘　畅
责任印制	赵星辰
出版发行	中国铁道出版社有限公司（100054，北京市西城区右安门西街8号）
网　　址	https://www.tdpress.com/51eds
印　　刷	河北宝昌佳彩印刷有限公司
版　　次	2008年12月第1版 2022年12月第4版 2025年1月第4次印刷
开　　本	787 mm×1 092 mm 1/16　印张：13.75　字数：343千
书　　号	ISBN 978-7-113-29960-6
定　　价	49.80元

版权所有　侵权必究

凡购买铁道版图书，如有印制质量问题，请与本社教材图书营销部联系调换。电话：（010）63550836
打击盗版举报电话：（010）63549461

作者简介

吕景泉

二级教授，职业技术教育博士，正高级工程师，天津职业技术师范大学副校长。

享受国务院政府特殊津贴专家、国家级教学名师、国家级机电专业群教学团队负责人，主持完成并获得国家级教学成果特等奖，获得国家级教学成果一等奖1项、国家级教学成果二等奖4项，获全国黄炎培职业教育理论杰出研究奖。

曾任教育部高等学校高职自动化技术类专业教学指导委员会主任，全国职业院校技能大赛成果转化工作组主任委员，全国职业院校技能大赛成果转化中心负责人。国家职业教育教学资源开发与制作中心牵头人。从事职业教育教学与实践24年，从事企业现场技术改造和升级服务12年，专注国际和国内技能赛项研发与资源建设12年。专注职业教育理论"中观"和"微观"研究，创立"五业联动"产教融合办学模式、"工程实践创新项目（EPIP）"教学模式、"核心技术一体化"专业建设模式。原创首创并率先组织实施"鲁班工坊"国际品牌项目，获得泰国政府"诗琳通公主奖"。出版专著、主编教材20余部，发表论文近百篇。

耿 洁

研究员，博士，硕士生导师，天津市教育科学研究院职业教育研究中心主任。

主要研究职业教育宏观政策与战略、校企合作、课堂教学设计、职业教育教学信息化。参与或主持国家中长期教育改革与发展规划纲要（2010—2020年）、职业教育法等重大政策起草、专题调研、制度设计、项目实施40余项，天津市《教育部 天津市人民政府 关于国家现代职业教育改革创新示范区协议》《天津市人民政府关于加快发展现代职业教育的意见》等重大政策制定或项目30余项。

完成科研课题25项，其中主持省部级以上课题9项；专著及主编著作8部，参编著作11部；发表论文50余篇，决策转化38项。获得省部级教学成果特等奖3项、一等奖2项、二等奖2项、第十七届天津市社会科学优秀成果三等奖1项。主编"十一五"和"十二五"职业教育国家规划教材2部。

王兴东

天津机电职业技术学院副院长，副教授。

参与获得天津市教学成果等特等奖1项，教学成果一等奖1项，教学成果二等奖2项。国务院国资委"中央企业技术能手"，国务院国资委"中央企业青年岗位能手"，天津市劳动模范，全国职业院校技能大赛优秀工作者。主要从事机械设计制造及自动化方向工作，曾连续8年担任学生大赛指导教师，培养学生良好的文明行为和道德品质，教授学生精湛的技能，在鲁班工坊建设过程中组织专业交流的内容实施工作，组织中外双方师生进行专项培训、竞赛与交流活动，参加全国职业院校技能竞赛、参加国际交流赛等内容。组织首届世界职业院校技能大赛工业机器人、机电一体化和智能产线安装与调试三个赛项的承办与参赛工作。

胡仲伟

中国民航大学电子信息与自动化学院，北京邮电大学信息与通信工程专业博士。

电子信息专业CDIO试点班课程"高频电子线路"负责人，从事通信感知计算新技术的教学和研究工作，公开发表相关学术论文8篇，参与研究国家级、省部级自然科学基金项目各1项。

李 文

原天津中德应用技术大学，教授。

享受国务院政府特殊津贴专家，国家级"机械设计与制造系列课程"教学团队负责人，国家级精品课程"机械制图与测绘"负责人，第四届省级高等学校教学名师，省级教学成果一等奖"机械设计与制造专业及群教学资源开发及应用"负责人，省级品牌专业"机械设计与制造"负责人。

公开发表论文20余篇，主持策划并出版数十部系列规划教材，曾赴新加坡以及中国香港特别行政区进修学习，获得多种职业资格和技术教育证书。企业经历5年，参与技术开发和改造项目十余项，获专利一项。长期从事职业教育，对现代职业教育理论研究和教育教学实践有一定研究。

李 军

北京交通运输职业学院副校长，教授。

2013—2021年教育部交通运输行指委城市轨道运输专指委委员、秘书长，交通运输部全国职业技能竞赛组委会委员、学生竞赛专家组成员，北京市总工会颁发"李军创新工作室"负责人，北京市专业教学创新团队负责人。

长期从事职业教育教学工作，主讲课程10余门，主编教材5部，发表论文10余篇，主持国家级课题项目20余项。国家级精品课程"机床电气设备及升级改造"负责人，国家级"城市轨道交通专业教学资源库"主要负责人，首届交通运输行业教学名师。

汤晓华

武汉市物新智道科技有限公司总经理；原天津机电职业技术学院副校长，教授。

天津市有突出贡献专家，深圳市国家领军人才，全国电力行业教育教学指导委员会委员，中国职教学会教学工作委员会常务委员。曾在德国、日本、新加坡等大学访问；国家级精品课程"水电站机组自动化运行与监控"负责人；省级精品课程"可编程控制器应用技术"负责人。公开发表学术论文40多篇，参与5项国家级、省市级教育科学规划课题，获省级科技进步奖2项，主持企业技改项目10余项，获发明专利2项，实用新型专利8项；主编教材8部，其中《工业机械人应用技术》《风力发电技术》等5部教材为"十二五""十三五"职业教育国家规划教材。获国家教学成果奖5项，其中国家特等奖1项（排名第三）、国家一等奖2项、国家二等奖2项，省级教学成果奖8项。2008—2014年参与全国职业院校技能大赛裁判工作，任赛项专家组成员；2015年任全国职业院校技能大赛专家组组长。

张文明

常州纺织服装职业技术学院副校长，教授。

入选江苏省"333高层次人才培养工程"，江苏省优秀教育工作者，江苏省特色专业机电一体化技术专业带头人，省重点专业群建设负责人，主持"工控系统安装与调试"国家级精品资源库课程建设，主编《可编程控制器及网络控制技术》，获"十二五"职业教育国家规划教材；《嵌入式组态控制技术》（第三版），获江苏省高等学校重点教材，获"十二五""十三五"职业教育国家规划教材，2021年获首届全国优秀教材一等奖。

姜 颖

天津机电职业技术学院，副教授，电气自动化技术专业负责人。

计算机应用技术专业硕士，电工高级技师。主持完成专业实验室、实训基地建设、维护、软硬件资源开发、课程资源建设工作。主持完成天津市电气自动化技术专业国际化教学标准开发工作。主持"基于'工程实践创新项目'的教学模式研究与实践"项目获2022年天津市职业教育市级教学成果二等奖。负责葡萄牙鲁班工坊电气自动化技术专业教学设备、教学标准、教学资源等的开发建设工作。曾获得"全国职业院校现代制造及自动化技术教师大赛"二等奖，并获得"全国机械职业院校人才培养优秀教师"称号。指导学生参加各级职业院校技能大赛曾获一、二、三等奖。

前言

党的二十大报告中指出，高质量发展是全面建设社会主义现代化国家的首要任务。建设现代化产业体系，坚持把发展经济的着力点放在实体经济上，推进新型工业化，加快建设制造强国、质量强国、航天强国、交通强国、网络强国、数字中国。推动制造业高端化、智能化、绿色化发展。

本教材为"十二五""十三五""十四五"职业教育国家规划教材。

本教材是依据工程实践创新项目（EPIP）教学模式，面向全国职业院校技能大赛、服务于应用技术大学、高等职业教育本科、高等职业教育专科机电类专业综合职业能力培养的立体化综合实训教材。

按照《国务院关于大力发展职业教育的决定》关于要"定期开展全国性的职业技能竞赛活动"的要求，2008年至今，教育部和天津市人民政府、人力资源和社会保障部、住房和城乡建设部、交通运输部、工业和信息化部、农业部、国务院扶贫办、中华全国总工会、共青团中央和中华职教社等35个部委办在天津市（主赛场）举办了十多届全国职业院校技能大赛（以下简称国赛），形成了"校校有比赛，省省有竞赛，国家有大赛"的职业教育技能竞赛序列。大赛制度成为我国教育工作的一项重大制度创新，也成为新时代职业教育改革与发展的重要推进器。

自2008年首届国赛"自动化生产线安装与调试"项目的成功举办至今，通过赛项提升师生的团队协作能力、计划组织能力、自动化生产线安装与调试能力、工程实践创新能力和综合职业素养，引领机电类专业教学改革方向，有效地推进了产教融合、校企合作、工学结合、知行合一在人才培养中持续深入。

国赛"自动化生产线安装与调试"竞赛项目涉及的技术应用范围符合《普通高等学校高职高专教育指导性专业目录（试行）》，机电类专业中的专业核心技术、专项技术、通用技能融于高仿真度的柔性自动化生产线，实现技术的综合应用、技能的综合达标、素养的养成孕育。

编写背景

国赛自设立以来，大家都在思考，技能大赛成功举办的成果如何引导职业教育教学改革，如何引领专业和课程建设，如何发挥更大的辐射作用？为此，在原教育部高等学校高职高专自动化技术类专业教学指导委员会的大力支持下，由该项竞赛技术策划和竞赛项目裁判长吕景泉教授牵头,组建了校企人员结合的教学资源开发团队。他们由大赛的技术裁判人员、学校的专业带头人(国家级和省级教学名师)、行业、企业人员组成。团队开展现场调研,赛场深度交流,结合日常教学,提出了以技能大赛指定设备为载体,针对智能制造装备安装、调试、运行等过程中应知、应会的核心技术,依据工程实践创新项目(EPIP)教学模式,基于真实工程、任务导向开发教材和教学资源。2008年12月26日,在北京召开的全国高职院校机电类专业建设和课程改革研讨会议上举行了教材出版发布仪式。该教材的出版开启了立体化教材围绕工程实践创新项目教学资源出版的新气象,得到教育部领导和广大院校教师的高度认可和广泛应用。

近年来,全国职业院校技能大赛"自动化生产线安装与调试"赛项,有来自全国各省市自治区的多达72个省级代表队、12个国别的国际代表队,同场竞技,相互切磋,展示教改成果。

历经十多届大赛,自动化生产线教学装备始终坚持生产工艺流程升级"向下兼容",供料、加工、装配、输送及分拣五个生产单元"固化完善",提升装备的可扩展性、单元教学的独立性、组态生成的灵活性和设备运行的可靠性;相关知识点、技能点、素养点不断增加,涵盖了自动化技术类专业的核心技术内容,利于机电类专业综合实训课程的教学设计和实施,为服务工程实践创新项目的课程改革提供了适宜的载体。

本教材自第一版出版以来,发行量逾16万册,并被译为英文版发行到东盟10个国家以及印度、巴基斯坦、葡萄牙、埃及,对东盟十国技能大赛的自动化赛项的设计产生了重要影响,同时也是境外师生来华参加全国(中国)职业院校技能大赛的基础。截至目前,泰国、印度、巴基斯坦、葡萄牙等国的鲁班工坊全部采用本教材作为机电类专业教学资源,开展专业教学与企业培训。

教学模式

2012年,《工程实践创新项目教程》出版,成为首部使用"工程实践创新项目"命名的教材资源;2013年,《工程实践创新项目教程(英文版)》出版;2014年,以工程实践创新项目应用为重要内容的成果,获评职业教育首个国家教学成果"特等奖"。

2015年,工程实践创新项目被确立为一种"教学模式",其英文缩写为"EPIP"。工程实践创新项目,是工程(Engineering)、实践(Practice)、创新(Innovation)、项目(Project)四个元素的有机组合,其内涵是"工程化、实践性、创新型、项目式"。本教材主编组织"鲁班工坊"项目研究、方案设计,工程实践创新项目(EPIP)成为鲁班工坊的核心内涵之一,并被确定为向世界分享的中国职业教育的教学模式。

2016年，天津渤海职业技术学院在泰国大城技术学院建立世界上首个鲁班工坊。2017年，工程实践创新项目（EPIP）国际教育联盟在天津成立。泰国EPIP教学研究中心在泰国大城揭牌启运。2018年，"基于'工程实践创新项目（EPIP）'的教学模式与实践"获批教育部重点课题。葡萄牙EPIP教学研究中心在塞图巴尔揭牌启运；在新德里举办的首届"中国—印度职业教育合作论坛"上，印度EPIP教学研究中心揭牌启运。2019年，《EPIP职业教育教学模式：改造我们的学习》著作出版，成为首部从理论层面全面阐释"工程实践创新项目（EPIP）教学模式"的著作；《EPIP教学模式——中国职业教育的话语体系》著作出版，获评中宣部"中华文化走出去"出版工程（国家出版工程）重点任务。2020年，TEACHING MODEL OF EPIP 相继由英国出版社出版英语版、葡萄牙语版；《EPIP教学模式的课程论探究》《EPIP教学模式的专业论探究》《EPIP教学模式的教育论探究》论文相继发表。"推广工程实践创新项目（EPIP）教学模式应用"写入《天津市教育现代化"十四五"规划》。2021年，《工程实践创新项目（EPIP）解析》著作出版，《工程实践创新项目（EPIP）的核心要义》《工程实践创新项目（EPIP）国际教育联盟：发展路径、效应与展望》等文章相继发表；"基于EPIP的鲁班工坊教育援外能力建设研究"项目获批教育部中非高校"20+20"合作计划。"推广工程实践创新项目（EPIP）教学模式应用"纳入教育部与天津市共建"新时代职业教育创新发展标杆"建设协议。

2022年，非洲首个EPIP教学研究中心在埃塞俄比亚设立；第五届EPIP国际教育联盟年会在中国天津和泰国大城同期举办；《工程实践创新项目（EPIP）教学模式的逻辑推进与未来面向——试论中国职业教育的国际话语'EPIP教学模式'的创建创成》文章发表。首届世界职业技术教育发展大会在天津成功举办，全球123个国家代表、57个国家教育部部长、驻华大使、国际组织负责人参会，形成"会、盟、赛、展"平台合作机制；鲁班工坊与EPIP教学模式系列丛书发布暨国别鲁班工坊研究系列丛书签约仪式在首届世界职业技术教育发展大会发布大厅举行；首届世界职业院校技能大赛成功举办，运用EPIP开发的"鲁班工坊赛道"成为主力赛项；面向全球成功举办鲁班工坊建设·成果展，"鲁班工坊"和"FPIP"成为首届世界职业技术教育发展大会"高频词"和"高光点"。"推广工程实践创新项目教学""发挥已建立的泰国、葡萄牙、埃塞俄比亚等国EPIP教学研究中心作用，给更多境外合作伙伴带去先进的教学模式……"载入《中国职业教育发展报告（2012—2022年）》。

教材特点

本教材将赛项装备的工作过程，分解为若干个项目进行循序渐进的讲述。编写紧扣"工程化、实践性、创新型、项目式"原则，用活泼的语言、精美的图片、生动的人物、完整的实况以及过程的仿真等手段的综合运用，将学习、生产融入轻松愉悦的环境中，力求提高学习兴趣和学习效率，易学、易懂、易上手。

本教材通篇围绕国家级教学成果奖的推广应用，将工程实践创新项目（EPIP）教学模式、行动导向教学方法、核心技术一体化专业建设进行了大胆的探索尝试。

基本内容

本教材共六篇：第〇篇项目引导，主要介绍了 EPIP 的内涵及 EPIP 教学模式的课程论、专业论、教育论；第一篇项目开篇，主要针对大赛情况及典型自动化生产线进行了介绍；第二篇项目备战，主要针对典型自动化生产线应具备的"知识点、技术点、技能点、素养点"进行了综合讲解；第三篇项目迎战，主要内容是以典型自动化生产线为载体，针对其五个工作站的安装与调试工作过程进行了讲述；第四篇项目决战，主要针对典型自动化生产线整体调试中的设备安装、气路连接、电路设计和电路连接等问题进行讲述；第五篇项目挑战，主要针对典型自动化生产线讲述自动化生产线发展趋势及先进技术的运用进行简要介绍。配套资源含大赛实况、自动化生产线安装与调试步骤、元器件实物图片、教学课件、教学参考及设备运行过程仿真等，为"教"和"学"提供了生动、直观、便捷、立体的教学资源包。

本教材由吕景泉、耿洁任主编，王兴东、胡仲伟任副主编，李文、李军、汤晓华、张文明、姜颖参与编写。本教材在前版编写团队（吕景泉、李文、李军、汤晓华、张文明等）的工作基础上，分工如下：吕景泉、耿洁共同负责编写第〇篇，吕景泉、胡仲伟共同负责编写第一篇；王兴东、胡仲伟、汤晓华负责编写第二篇；胡仲伟、张文明、李军、姜颖负责编写第三篇、第四篇；吕景泉、耿洁、李文负责编写第五篇。何琳锋、赵振鲁、张同苏、郑巨上、吕子乒对于全书的编写提供了各种资料和指导，编制了任务书和程序清单；李波高级工程师结合现场设备进行了程序调试等工作。全书由吕景泉、耿洁、王兴东、胡仲伟策划并统稿。编写过程中，得到了中国铁道出版社有限公司、中国亚龙科技集团和天津职业技术师范大学、天津市教育科学研究院、天津机电职业技术学院、中国民航大学、天津渤海职业技术学院等单位领导和同仁的大力支持，在此表示衷心的感谢！

受编者的经验、水平以及时间限制，书中难免存在不足和缺陷，敬请批评指正。

编　者

2024 年 8 月

目 录

第〇篇 项目引导——EPIP教学模式

一、关于教学模式 2
二、EPIP的核心内涵 2
三、EPIP的课程论 3
四、EPIP的专业论 4
五、EPIP的教育论 4

第一篇 项目开篇——自动化生产线简介

任务一 了解自动化生产线及应用 6
任务二 认知YL-335型自动化生产线 8

第二篇 项目备战——自动化生产线核心技术应用

任务一 自动化生产线中传感器的使用 15
  子任务一 磁性开关简介及应用 16
  子任务二 光电开关简介及应用 18
  子任务三 光纤式光电接近开关简介及应用 20
  子任务四 电感式接近开关简介及应用 22
  子任务五 光电编码器简介及应用 23
任务二 自动化生产线中的异步电动机控制 25
  子任务一 交流异步电动机的使用 25
  子任务二 通用变频器驱动装置的使用 26
任务三 伺服电动机及驱动器在自动化生产线中的使用 31
  子任务一 认知交流伺服电动机及驱动器 32
  子任务二 伺服电动机及驱动器的硬件接线 34

	子任务三	伺服驱动器的参数设置与调整 ………… 36
任务四	气动技术在自动化生产线中的使用 …………… 39	
	子任务一	气泵的认知 …………………………… 40
	子任务二	气动执行元件的认知 ………………… 41
	子任务三	气动控制元件的认知 ………………… 42
任务五	可编程控制器在自动化生产线中的使用 ……… 47	
	子任务一	PLC的位置控制 ……………………… 48
	子任务二	PLC的高速计数器 …………………… 58
任务六	通信技术在自动化生产线中的使用 …………… 63	
	子任务	认知PROFINET通信 ………………… 63
任务七	人机界面及组态技术在自动化生产线中的使用 ……… 70	
	子任务一	认知人机界面TP 700 Comfort和MCGS 嵌入版工控组态软件 ………………… 71
	子任务二	TP 700 Comfort与PLC的接线与工程 组态 …………………………………… 73

第三篇 项目迎战——自动化生产线各单元安装与调试

任务一	供料单元的安装与调试 …………………………… 78	
	子任务一	初步认识供料单元 …………………… 78
	子任务二	供料单元的控制 ……………………… 79
	子任务三	供料单元技能训练 …………………… 83
任务二	加工单元的安装与调试 …………………………… 88	
	子任务一	初步认识加工单元 …………………… 88
	子任务二	加工单元的控制 ……………………… 89
	子任务三	加工单元技能训练 …………………… 92
任务三	装配单元的安装与调试 …………………………… 95	
	子任务一	初步认识装配单元 …………………… 96
	子任务二	装配单元的控制 ……………………… 100
	子任务三	装配单元技能训练 …………………… 102
任务四	分拣单元的安装与调试 …………………………… 108	
	子任务一	初步认识分拣单元 …………………… 108

子任务二　分拣单元的控制 110
子任务三　分拣单元技能训练 113
任务五　输送单元的安装与调试 117
子任务一　初步认识输送单元 117
子任务二　输送单元的控制 119
子任务三　输送单元技能训练 121

第四篇　项目决战——自动化生产线整体安装与调试

任务一　YL-335B型自动化生产线设备安装 129
子任务一　元件的检查 130
子任务二　YL-335B型自动化生产线输送单元的
　　　　　装配 132
子任务三　YL-335B型自动化生产线供料单元的
　　　　　装配 132
子任务四　YL-335B型自动化生产线加工单元的
　　　　　装配 133
子任务五　YL-335B型自动化生产线装配单元的
　　　　　装配 133
子任务六　YL-335B型自动化生产线分拣单元的
　　　　　装配 133
任务二　YL-335B型自动化生产线气路的连接 135
子任务一　YL-335B型自动化生产线主气路连接 ... 135
子任务二　YL-335B型自动化生产线各单元的
　　　　　气路连接 136
任务三　YL-335B型自动化生产线电路设计和电路连接 138
子任务一　YL-335B型自动化生产线电路图设计 ... 138
子任务二　YL-335B型自动化生产线各单元电路的
　　　　　连接 139
任务四　程序编制和程序调试 143
子任务一　网络的组建及人机界面设置 144
子任务二　程序设计 149
任务五　自动化生产线调试与故障分析 182
子任务一　YL-335B型自动化生产线系统手动工作
　　　　　模式测试 183

子任务二　自动化生产线自动工作模式测试 ……… 184

第五篇　项目挑战——自动化生产线技术拓展

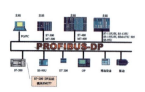

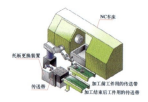

任务一　PROFIBUS技术 …………………………………………… 191
　　子任务一　与PROFIBUS的初次见面 ………………… 192
　　子任务二　了解PROFIBUS的基本性能 ……………… 192
任务二　工控组态 …………………………………………………… 195
　　子任务一　与工控组态的初次见面 …………………… 195
　　子任务二　了解MCGS组态软件性能 ………………… 196
任务三　工业机器人 ………………………………………………… 199
　　子任务一　与工业机器人的初次见面 ………………… 200
　　子任务二　了解工业机器人的性能 …………………… 201
任务四　柔性生产线技术的展望 …………………………………… 203
　　子任务一　柔性生产线简介 …………………………… 203
　　子任务二　了解柔性生产线工艺设计的主要原则 …… 205
任务五　光机电一体化技术的应用 ………………………………… 207

自动化生产线安装与调试（第四版）

第0篇

项目引导
——EPIP教学模式

2022年8月，由中国政府主导的首届世界职业技术教育发展大会在天津成功举办。作为大会的一项重要成果，中国教育部发布了《中国职业教育发展报告(2012—2022年)》，向全球介绍中国职业教育进入新时代十年以来所取得的成就，与国际社会分享中国职业教育的创新举措，并发出职业教育的合作邀约。

《中国职业教育发展报告（2012—2022年）》（以下简称"报告"）中，第三篇的第四部分标题为"坚持面向实践，强化能力"，其阐明："实践是职业教育区别于其他类型教育的显著特征。中国职业教育遵循技术技能人才的培养规律，坚持产业、行业、企业、职业、专业'五业联动'，创新教学模式……"明确提出，中国职业教育实施以实践为主体的教学模式，推广工程实践创新项目（EPIP）教学等观点。我们可以看出，新时代的中国职业教育高度重视实践，以实践为其显著特征，以实践为其发展主线，以实践为其创新基石；并将"五业联动"作为职业教育开展创新实践的重要举措，将创新教学模式作为实施以实践为主体的重要招法。

报告中，第四篇"开放共享：面向世界的合作与展望"，提出"擦亮'鲁班工坊'中国名片"，并宣示："继续鼓励有条件的职业学校在海外建设'鲁班工坊'，继续推动中国本土化、视野国际化的工程实践创新项目（EPIP）应用，发挥已建立的泰国、葡萄牙、埃塞俄比亚等国EPIP教学研究中心作用，给更多境外合作伙伴带去先进的教学模

扫一扫

世界职业技术
教育发展大会
图片

扫一扫

世界职业院校
技能大赛

式、优质的教学装备。"我们可以期待，中国职业教育的国际品牌鲁班工坊，将继续在世界范围内优化布局、加快建设；中国职业教育的教学模式EPIP，将继续在世界职业教育交流与合作中发挥更加重要的作用。

一、关于教学模式

所谓教学模式，即在一定教学思想或教学理论指导下，建立起来的较为稳定的教学活动结构框架和活动程序。

工程实践创新项目（EPIP），是以实际工程为背景和基础，以工程实践为导向和贯穿，以工程实践创新能力培养为目标和归依，以真实工程项目为统领的适合应用型专门人才、技术技能人才培养的教学模式。

EPIP是国家级教学名师吕景泉教授带领国家级教学团队，基于长期教学实践和理论研究，汲取了中国古代、近现代教育思想，转化了墨子的"名实耦""行为本"思想，发展了陶行知的"生活即教育""社会即学校"教育思想，创新了黄炎培的"建教合作""手脑并用"职教思想，完成了十国职业教育比较研究，开展了欧洲、北美、澳洲、东盟、非洲等实地项目合作与培训研修，进行了借鉴、消化、试验、创建、凝练，创立形成基于工程实践、工程创新、工程项目的应用型专门人才及技术技能人才培养的教学模式。它以中国职业教育实际为研究起点，体现继承性、民族性的立场主张，具有主体性、原创性的理论观点，彰显系统性、专业性的实践特色，构建起中国本土化、视野国际化的院校办学思想、专业建设模式、课程结构体系、标识品牌概念，初步形成了EPIP教育论、EPIP专业论和EPIP课程论。"推广工程实践创新项目（EPIP）教学模式应用"已经写入《天津市教育现代化"十四五"规划》，纳入教育部与天津市共建"新时代职业教育创新发展标杆"建设协议，载入《中国职业教育发展报告（2012—2022年）》。EPIP是鲁班工坊的核心内涵，是鲁班工坊的建设主线，是中国职业教育的国际话语。

2014年，吕景泉教授主持的以工程实践创新项目（EPIP）教学模式应用为重要内容的成果荣获中国职业教育领域的首个国家级教学成果"特等奖"。

二、EPIP的核心内涵

EPIP 是工程（Engineering）、实践（Practice）、创新（Innovation）、项目（Project）四个英文单词首字母的缩写。EPIP的核心要义可以提炼为"54321"。"5"是应用层级，扎根本土、院校办学、专业建设、课程改革、"知技素点"五个层级；"4"是四个核心内涵，工程化、实践性、创新型、项目式；"3"是三种认知境界，"名"境界、"实"境界、"合"境界；"2"是核心点，真实、完整；"1"是宗旨，知行合一。EPIP主张，教育教学的实践过程是知技协进、德技并修、全面培养，是通过"名"境界与"实"境界的不断往复"耦"合，形成适应经济社会发展、学生全面发展的"合"境界，从而提升职业教育的适应性。

EPIP的具体教学过程是指从实际工程介绍开始，到在工程背景下开展实践活动，再到在工程实践基础上不断创新的项目式教学模式。它基于广泛的工程背景，由浅入深、由感性到理性，让教学者和学习者了解、体验工程实践创新的教

扫一扫

鲁班工坊与
EPIP教学模式
系列丛书新书
发布仪式

与学，通过丰富学习者的工程实践知识、经验，提升技术应用能力和实践创新能力，拓展学习者的专业视野，使其内化并形成良好的职业素养。

三、EPIP的课程论

1．工程实践创新项目（EPIP）的"工程化"

工程实践创新项目（EPIP）中的"工程化"，泛指教育要使学生学会"解决真实情境中的问题"，其目标是使学生在真实世界、现实生活能得心应手地工作、生活、学习。而真实情境又不可能是无人之境，必须要和他人一起合作，需要工程化的职业素养。

为真实而教，在真实中教。

真实性的教育，就是工程化，借真实工程教，依真实工程学，用真实工程考。

"工程"是指真实世界、现实生活。

它是一个由真实情境、真实问题、真实需求构成的世界。

课程中所含的知识、技术（技能）、素养都要以工程为基础，源自工程，瞄准工程，服务工程。课程实施主题的确定、项目的设计、内容的选择都要因地制宜地从真实世界中去寻找，其整体就是真实世界、现实生活。

2．工程实践创新项目（EPIP）的"实践性"

实践出真知。

课程设计与实施的整体过程应该是理实一体的，是动脑动手结合的，是技术技能训练贯穿的，是为专业核心技术的综合应用、专业核心技能的全面达标、职业道德素养的内化形成服务的。

在工程背景下，实施工程实践导向、真实任务驱动式教学，其教学使用的实践载体和情景应该是真实现场、高度仿真、虚实结合、软硬结合、校内外结合的，实践过程要求知技协进、德技并修。

3．工程实践创新项目（EPIP）的"创新型"

创新需要深厚的实践积累。

创新既是一个过程，也是一个结果。

在课程实施的微观层面，要"学而知其用，用而知其所，所而知其在"，"在"是它的所处所在和应用的具化。学而知其用，无论是学习知识、练就技能、掌握技术还是熏陶素养，都要以真实应用领域、真实世界为背景，要知道学的东西如何用、用在哪，在真实世界中具体真实存在的形态、位置、作用。

创新型还要实现"在而知其代，代而知其原，原而知其衍"，"衍"是它的繁衍和转化。教学过程中，很多情况是在高度仿真、虚拟情境的环境下具体地学习，它是一个代替真实世界的情境、抽取要素的载体，是一种代替；但是，教师应该让学生始终知道这个情境营造的是什么，这个载体代替的是什么，而且，要不停地、不断地"回象"到现实，"回象"到真实，"回象"到生活；并且，利用这个非真实的情境、高仿真的载体，去探索、去尝试高于真实的、更丰富的工程实践空间，去体会创新的乐趣。

4．工程实践创新项目（EPIP）的"项目式"

每门课程、每项活动、每个环节力求体现完整，教师指导学生（团队）不停地在做一件一件完整的事情。

四、EPIP的专业论

一个专业之所以成为专业，是因为这个专业有着与其他专业不同的固有属性。

专业的固有属性是什么？

职业院校面对众多企业针对毕业生进行招聘时，各种职业需求和岗位要求，其核心是学生在校的专业学习主要学到了什么专业技术、掌握了什么主要专业技能。

专业的属性是专业的"核心技术和技能"。顶岗实习质量高低、就业对口率水平高低，其实就是顶岗和就业岗位对应专业核心技术的符合程度高低。

工程实践创新项目（EPIP）教学模式下的专业采用"核心技术一体化"建设模式。通过课程设置、教学环境、顶岗实习、职业资格与专业核心技术"四个一体化"进行专业建设。

专业建设有了专业核心技术技能这样一个抓手，许多问题也就迎刃而解了。一个专业应该开设什么样的课程，课程开到多深，知识、技术技能和素养如何进行综合训练都有了依据。

在人才培养方案的设计中，依据区域经济和产业、行业、企业需求，针对人才市场和相关职业岗位（群）要求，以校企共同确定的专业核心技术技能为主线，搭建专业教学平台，每个专业明确若干个核心技术技能，根据核心技术技能整体规划专业课程体系，明确每门课程的核心知识点和技能点（核心知技点），形成基于工程实践导向的教学情境（模块），实施理论与实验、实训、实习、顶岗锻炼、就业相一致，以课堂与实验（实训）室、实习车间、生产车间四点为交叉网络的一体化教学方式，强调专业理论与实践教学的相互平行、融合交叉，纵向上前后衔接、横向上相互沟通，使整体教学过程围绕核心技术技能展开，强化课程体系和教学内容为核心技术技能服务，使该类专业的毕业生能真正掌握就业本领，培养"短过渡期"或"无过渡期"技术技能人才。

五、EPIP的教育论

教学模式包含着一定的教学思想以及在此教学思想指导下的课程设计、教学原则、师生活动结构、方式、手段等。

EPIP教学模式体现了产教融合、工学结合、校企合作、知行合一的教育思想，体现了学以致用、学用结合的教育理念。

构建EPIP教学模式，不颠覆现有，而是激活现有。激活现有人才培养要素，让现有的教学团队、教学设施、教学方案、教学管理、教学环境更加符合"产教融合、校企合作"；让教师真教真做，学生真学真练，让整个学校因为"真实"和"完整"焕发新的活力。

EPIP的真逻辑，是学生完整地学，教师完整地教，让教学完整；是让产教融合政策、校企合作理念真正落地，让技术技能型人才培养过程和评价过程完整、科学，让学生成为一个技能全面的人、真实的人。

继教育部与天津市人民政府共建首个国家职业教育试验区、唯一示范区以及示范区升级版之后，天津职业教育全面开启了教育部和天津市共建"新时代职业教育创新发展标杆"的新征程。为深化产教融合、校企合作，天津职业院校探索创立了产业、行业、企业、职业、专业"五业联动"机制，创立了"核心技术一体化"专业建设模式；为推动产教融合、校企合作落实落地，天津职业院校探索创立了工程实践创新项目（EPIP）教学模式，创建了泰国、印度、葡萄牙、埃塞俄比亚等国EPIP教学研究中心；为促进世界产教融合、校企合作，天津职业教育原创首创鲁班工坊国际品牌，实现了中国职业教育的模式、标准、装备、教材、方案系统化、体系化与世界分享。

产教融合是职业教育的本质属性，EPIP教学模式是落实产教融合的重要招法。

第一篇

项目开篇
——自动化生产线简介

自2008年首届全国职业院校技能大赛（简称"国赛"，又称"大赛"）在天津成功举办以来，"自动化生产线安装与调试"作为国赛赛项已经举办了6届，作为国赛国际化赛项举办了5届；自2010年第八届东盟技能大赛将"自动化生产线安装与调试"指定为竞赛赛项以来，已经连续举办了6届，作为首个"走出国门"的国赛赛项，其赛项设备、赛项标准、赛项内容、赛项资源实现"集成化"与世界分享（见图1-1）；自2016年世界上首个鲁班工坊"泰国鲁班工坊"建成以来，"自动化生产线安装与调试"赛项装备作为中国职业教育的优质技术装备、优秀教学资源的代表，在泰国、巴基斯坦、葡萄牙等亚、欧、非国家近10个鲁班工坊的学历教育与技术培训中发挥了重要作用（见图1-2）。

扫一扫

课件

图1-1 东盟十国国际参赛队盛赞"自动化生产线安装与调试"教学资源

图1-2 "自动化生产线"系列装备与教学资源落户欧洲鲁班工坊标杆项目-葡萄牙鲁班工坊

2022年，首届世界职业院校技能大赛成功举办，"自动化生产线安装与调试"赛项升级为鲁

扫一扫

鲁班工坊建设成果展

班工坊"赛道"的主力赛项。"自动化生产线安装与调试"技术装备与教学资源紧扣产业发展方向，紧跟企业生产需求，紧贴科学技术进步，作为"工程化、实践性、创新型、项目式"EPIP教学模式运用的重要载体，得到国内外院校的广泛认可。

坚持技能大赛与教学改革相结合，引导高职教育专业教学改革方向；坚持高技术（技能）与高效率相结合，企业（用人单位）参与竞赛项目设计，全面提供技术支持和后援保障；坚持个人发展与团队协作相结合，在展示个人风采的同时，突出职业道德与协作精神。

任务一　了解自动化生产线及应用

 任务目标

1. 了解自动化生产线的功能、作用及特点；
2. 了解自动化生产线的发展概况。

图1-3所示是应用于某公司的塑壳式断路器自动化生产线，包括自动上料、自动铆接、五次通电检查、瞬时特性检查、延时特性检查、自动打标等工序，采用可编程控制器控制，每个单元都有独立的控制、声光报警等功能，采用网络技术将生产线构成一个完善的网络系统，大大提高了劳动生产率和产品质量。

图1-4所示是某汽车配件厂的制动器自动化装配线，该生产线考虑到设备性能、生产节拍、总体布局、物流传输等因素，采用标准化、模块化设计，选用各种机械手及可编程自动化装置，实现零件的自动供料、自动装配、自动检测、自动打标、自动包装等装配过程自动化，采用网络通信监控、数据管理实现控制与管理。

图1-3　塑壳式断路器自动化生产线　　　图1-4　某汽车配件厂的制动器自动化装配线

图1-5所示是葡萄牙当地企业代表考察葡萄牙鲁班工坊"自动化生产线"系列装备现场。

图1-5　葡萄牙当地企业代表考察葡萄牙鲁班工坊"自动化生产线"系列装备现场

在实际生活中有许多自动化生产线的案例，想一想，什么是自动化生产线？

1. 自动化生产线的定义

自动化生产线是在流水线的基础上逐渐发展起来的。它不仅要求线体上各种机械加工装置能自动地完成预定的各道工序及工艺过程，使产品成为合格的制品，而且要求在装卸工件、定位夹紧、工件在工序间的输送、工件的分拣甚至包装等都能自动地进行，使其按照规定的程序自动地进行工作。我们将这种自动工作的机械电气一体化系统为自动化生产线（简称"自动线"）。

自动化生产线的任务就是为了实现自动生产，如何才能达到这一要求呢？

自动化生产线综合应用机械技术、控制技术、传感技术、驱动技术、网络技术、人机接口技术等，通过一些辅助装置按工艺顺序将各种机械加工装置连成一体，并控制液压、气压和电气系统将各个部分动作联系起来，完成预定的生产加工任务。

2. 自动化生产线的发展概况

自动化生产线所涉及的技术领域是很广泛的，所以它的发展、完善是与各种相关技术的进步及互相渗透是紧密相连的。因而自动化生产线的发展概况就必须与整个支持自动化生产线有关技术的发展联系起来。技术应用发展如下：

应用可编程控制器技术：可编程控制器是一种以顺序控制为主，回路调节为辅的工业控制机。不仅能完成逻辑判断、定时、计数、记忆和算术运算等功能，而且能大规模地控制开关量和模拟量，克服了工业控制计算机用于开关控制系统所存在的编程复杂、非标准外部接口配套复杂、机器资源未能充分利用而导致功能过剩、造价高昂、对工程现场环境适应性差等缺点。由于可编程控制器具有一系列优点，因而替代了许多传统的顺序控制器，如继电器控制逻辑等，并广泛应用于自动化生产线的控制

应用机器人技术：机器人在自动化生产线中的装卸工件、定位夹紧、工件在工序间的输送、加工余料的排除、加工操作、包装等部分得到广泛使用。现在正在研制的第三代智能机器人不但具有运动操作技能，而且还有视觉、听觉、触觉等感觉的辨别能力，具有判断、决策能力，能掌握自然语言的自动装置也正在逐渐应用到自动化生产线中

应用传感技术：传感技术随着材料科学的发展和固体物理效应的不断出现，形成并建立了一个完整的独立科学体系——传感器技术。在应用上出现了带微处理器的"智能传感器"，它在自动化生产线的生产中监视着各种复杂的自动控制程序，起着极重要的作用

柔性制造系统：自动化生产线在无人干预的情况下按规定的程序或指令自动进行操作或控制的过程，其目标是"稳，准，快"。多品种可调自动化生产线、柔性制造系统迅猛发展

全面智能化、机械化：随着全面智能化时代到来，自动化生产线上的全面智能化、机械化已成为发展方向，我国各种制造业和基础行业已加快转型升级步伐，全自动化生产已经被企业重视和采纳

知识、技能归纳

所有支持自动化生产线的机电一体化技术的进一步发展,使得自动化生产线的功能更加齐全、完善、先进,从而能完成技术性更加复杂的操作和生产线装配工艺要求更高的产品。

近年来,随着互联网自动化产业、人工智能产业的高速发展,自动化生产线对全过程生产进行仿真、评估和优化,实现工厂作业规范化、智能化、自动化成为趋势;基于AI和物联网的智慧工厂,为工厂管理和生产带来了全新的变革。在工业自动领域,随着云计算、大数据等新技术的发展,所有的生产资料开始向云端聚集,资料和运算位置的主要模式发生颠覆性变革。

工程素质培养

思考一下:自动化生产线的功能、作用及特点以及发展概况。

任务二 认知YL-335型自动化生产线

 任务目标

1. 了解YL-335型自动化生产线的基本结构;
2. 了解YL-335B型的特点、参数及实训项目。

 说明:

YL-335A型自动化生产线是首届全国职业院校技能大赛"自动线安装与调试"赛项采用的竞赛设备,它综合应用了多种技术,如气动控制技术、机械技术(机械传动、机械连接等)、传感器应用技术、可编程控制器控制和工业组网、步进电动机位置控制和变频器技术等,高仿真了一个反映真实、完整的柔性化生产过程,学习者可以在一个接近实际的教学设备环境中提高自动化技术类专业的核心技术技能与工程实践创新能力。

大赛指定设备YL-335B是在YL-335A基础上的兼容式升级产品,YL-335B在设备的新技术应用的可扩展性、单站实施教学的独立性、组态的灵活性和设备运行的可靠性等方面做了相应改进;涵盖了自动化技术类相关专业的核心技术、核心技能,成为工程实践创新项目(EPIP)教学模式运用的重要载体。

1. YL-335B型自动化生产线的基本结构认知

亚龙YL-335B型自动化生产线实训考核装备由安装在铝合金导轨式实训台上的供料单元、输送单元、加工单元、装配单元和分拣单元五个工作单元(又称工作站)组成。各工作单元均设置一台PLC承担其控制任务，各PLC之间通过PROFINET通信实现互联，构成分布式的控制系统。

YL-335B型自动化生产线的工作目标是：将供料单元料仓内的工件送往加工单元的物料台，完成加工操作后，把加工好的工件送往装配单元的物料台，然后把装配单元料仓内的不同颜色的小圆柱工件嵌入到物料台上的工件中，完成装配后的成品送往分拣单元分拣输出，分拣单元根据工件的材质、颜色进行分拣。

YL-335B型自动化生产线外观如图1-6所示。

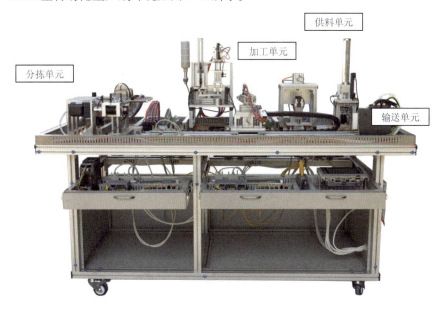

图1-6　YL-335B外观图

其中，每一工作单元都可自成一个独立的系统，同时也都是一个机电一体化的系统。各个单元的执行机构基本上以气动执行机构为主，但输送单元的机械手装置整体运动则采取伺服电动机或步进电动机驱动、精密定位的位置控制，该驱动系统具有长行程、多定位点的特点，是一个典型的一维位置控制系统。分拣单元的传送带驱动则采用了通用变频器驱动三相异步电动机的交流传动装置。位置控制和变频器技术是现代工业企业应用最为广泛的电气控制技术。

在YL-335B设备上应用了多种类型的传感器，分别用于判断物体的运动位置、物体通过的状态、物体的颜色及材质等。

在控制方面，YL-335B采用了基于TCP/IP通信的PLC网络控制方案，即每一工作单元由一台PLC承担其控制任务，各PLC之间通过PROFINET通信实现互连的分布式控制方式。用户可根据需要选择不同厂家的PLC及其所支持的通信模式，组建成一个小型的PLC网络。

2．供料单元的基本结构功能认知

供料单元主要由工件库、工件锁紧装置和工件推出装置组成。主要配置有：井式工件库、直线气缸、光电传感器、工作定位装置等。供料单元的基本功能是按照需要将放置在料仓中待加工的工件自动送出到物料台上，以便输送单元的抓取机械手装置将工件抓取送往其他工作单元。其外观图如图1-7所示。

图 1-7　供料单元外观图

3．输送单元的基本结构功能认知

输送单元主要包括：直线移动装置和工件取送装置。主要配置有：驱动电动机、薄型气缸、气动摆台、双导杆气缸、气动手指、行程开关、磁性开关等。

输送单元的基本功能：能实现到指定单元的物料台精确定位，并在该物料台上抓取工件，把抓取到的工件输送到指定地点然后放下的功能。输送单元机械手外观图如图1-8所示。

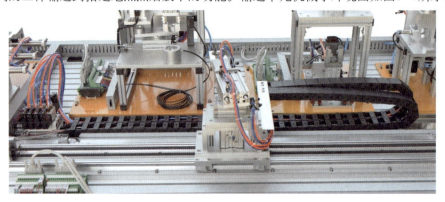

图 1-8　输送单元机械手外观图

4．加工单元的基本结构功能认知

加工单元主要包括：工件搬运装置和工件加工装置。主要配置有：导轨、直线气缸、薄型气缸、工作夹紧装置等。

加工单元的基本功能：把该单元物料台上的工件（由输送单元的抓取机械手装置送来）送到冲压机构下面，完成一次冲压加工动作，然后再送回到物料台上，待输送单元的抓取机械手装置取出。其外观图如图1-9所示。

5．装配单元的基本结构功能认知

装配单元主要包括：装配工件库和装配工件搬运装置。主要配置有：工件库、摆台、导杆气缸、气动手指、直线气缸、光电传感器等。

装配单元的基本功能：完成将该单元料仓内的黑色或白色小圆柱工件嵌入已加工的工件中的装配过程。其外观图如图1-10所示。

图1-9 加工单元外观图

图1-10 装配单元外观图

6．分拣单元的基本结构功能认知

分拣单元主要包括：传送带输送线和成品分拣装置。主要配置有：直线传送带输送线、直线气缸、三相异步电动机、变频器、光电传感器、光纤传感器等。

分拣单元的基本功能：将上一单元送来的已加工、装配的工件进行分拣，使不同颜色的工件从不同的料槽分流。其外观图如图1-11所示。

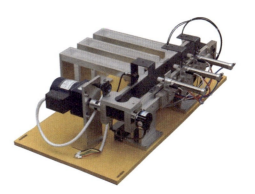

图1-11 分拣单元外观图

7．YL-335B的控制系统

YL-335B采用五个西门子S7-1200系列PLC，分别控制供料、输送、加工、装配、分拣五个单元。五个单元之间采用PROFINET进行通信。YL-335B的每一工作单元都由PLC完成控制功能，各单元可自成一个独立的系统，同时也可以通过网络互连构成一个分布式的控制系统。

当工作单元自成一个独立的系统时，其设备运行的主令信号以及运行过程中的状态显示信号，来源于该工作单元按钮指示灯模块，如图1-12所示。模块上的指示灯和按钮的端脚全部引到端子排上。

图1-12 工作单元按钮指示灯模块图

YL-335B采用了西门子精智系列TP 700触摸屏作为它的人机界面。在整机运行时，系统运行的主令信号（复位、启动、停止等）通过触摸屏人机界面给出。同时，人机界面上也显示系统运行的各种状态信息。触摸屏编程与使用将在后续篇幅中介绍。

8．供电电源

YL-335B外部供电电源为三相五线制AC 380 V/220 V，图1-13为供电电源模块一次回路原理图。图中总电源开关选用DZ47LE-32/C32型三相四线漏电开关。系统各主要负载通过自动开关单独供电。其中，变频器电源通过DZ47C16/3P三相自动开关供电；各工作站PLC均采用DZ47C5/2P单相自动开关供电。此外，系统配置2台DC24V6A开关稳压电源分别用作供料、加工、分拣、输送单元的直流电源。

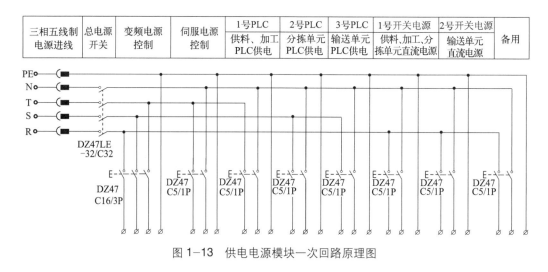

图1-13 供电电源模块一次回路原理图

9．YL-335B的特点、参数及实训项目认知

YL-335B设备是一套半开放式的设备，各工作单元的结构特点是机械装置和电气控制部分的相对分离。每一工作单元机械装置整体安装在底板上，而控制工作单元生产过程的PLC装置则安装在工作台两侧的抽屉板上。学习时在一定程度上可根据自己的需要选择设备组成单元的数量、类型，最多可由五个单元组成，最少时一个单元即可自成一个独立的控制系统。由多个单元组成的系统，PLC网络的控制方案可以体现出自动化生产线的控制特点。

YL-335B主要技术参数如下：

① 交流电源：三相五线制，AC $380 \times (1 \pm 10\%)$ V/$220 \times (1 \pm 10\%)$ V，50 Hz。

② 温度：$-10 \sim +40$ ℃；环境湿度：$\leqslant 90\%$（25 ℃）。

③ 实训桌外形尺寸：长×宽×高=1 920 mm×960 mm×840 mm。

④ 整机消耗：$\leqslant 1.5$ kV·A。

⑤ 气源工作压力：最小0.6 Mbar，最大1 Mbar（1 bar=10^5 Pa）。

⑥ 安全保护措施：具有接地保护、漏电保护功能，安全性符合相关的国家标准。采用高绝缘的安全型插座及带绝缘护套的高强度安全型实验导线。

设备中的各工作单元机械部分安放在实训台上，便于各个机械机构及气动部件的拆卸和安装，控制线路的布线、气动电磁阀及气管安装。各单元的按钮/指示灯模块、电源模块、PLC模块等均放置在抽屉式模块放置架上；模块之间、模块与实训台上接线端子排之间的连接方式采用电缆连接,最大限度地满足了综合性实训的要求。

利用YL-335B可以完成以下实训任务:

① 自动检测技术使用实训;
② 气动技术应用实训;
③ 可编程控制器编程实训;
④ PLC网络组建实训;
⑤ 电气控制电路实训;
⑥ 变频器应用实训;
⑦ 电动机驱动和位置控制实训;
⑧ 自动控制技术教学与实训;
⑨ 机械系统安装和调试实训;
⑩ 系统维护与故障检测实训;
⑪ 触摸屏组态编程实训。

大赛主要完成的工作任务

1. 设备安装

完成YL-335B型自动化生产线供料、加工、装配、分拣单元和输送单元的部分器件装配工作,并把这些工作单元安装在YL-335B的工作桌面上。

2. 气路连接

根据生产线工作任务对气动元件的动作要求和控制要求连接气路。

3. 电路设计和电路连接

① 根据控制要求,设计输送单元的电气控制电路,并根据所设计的电路图连接电路。

② 按照给定的I/O分配表,连接供料、加工和装配单元控制电路。对于分拣单元,按照给定I/O分配表预留给变频器的I/O端子,设计和连接变频器主电路和控制电路,并连接分拣单元的控制电路。

③ 根据该生产线的网络控制要求,连接通信网络。

4. 程序编制和程序调试

① 根据该生产线正常生产的动作要求和特殊情况下的动作要求,编写PLC的控制程序和设置伺服电动机驱动器参数及变频器参数。

② 调试机械部件、气动元件、检测元件的位置和编写的PLC控制程序,满足设备的生产和控制要求。

知识、技能归纳

亚龙YL-335B型自动化生产线实训考核装备由安装在铝合金导轨式实训台上的供料单元、输送单元、加工单元、装配单元和分拣单元五个单元组成。各工作单元均设置一台PLC承担其控制任务,各PLC之间通过PROFINET通信实现互联,构成分布式的控制系统。

工程素质培养

思考一下:YL-335B型自动化生产线的基本结构、特点及参数。

自动化生产线安装与调试（第四版）

第二篇

项目备战——自动化生产线核心技术应用

扫一扫

课件

PLC就像人的大脑；
光电传感器就像人的眼睛；
电动机与传送带就像人的腿；
电磁阀组就像人的肌肉；
人机界面就像人的嘴巴；
软件就像大脑的中枢神经；
磁性开关就像人的触觉；
直线气缸就像人的手和胳膊；
通信总线就像人的神经系统。
下面一起来学习！

　　自动化生产线中通常用到PLC应用技术、电工电子技术、传感器技术、接口技术、网络通信技术、组态技术等，就像人的感官系统、运动系统、大脑及神经系统。在接下来的任务中，将以YL-335B型自动化生产线为载体，对以上核心技术（见图2-1）进行学习应用，正所谓"工欲善其事，必先利其器"。

本项目教学思路："学中做"。瞄准职业核心技能，围绕YL-335B上的各种技术的应用，结合可编程控制系统设计师职业资格的要求，通过小任务讲解技术。

图2-1　本篇教学思路

任务一　自动化生产线中传感器的使用

1．掌握自动化生产线中磁性开关、光电开关、光纤式光电接近开关、电感式接近开关、光电编码器等传感器结构、特点及电气接口特性；

2．能进行各种传感器在自动化生产线中的安装与调试。

当工件进入自动化生产线中的分拣单元，人的眼睛可以清楚地观察到，但自动化生产线是如何来判别的呢？如何使自动化生产线具有人眼的功能呢？

传感器像人的眼睛、耳朵、鼻子等感官器件，是自动化生产线中的检测元件，能感受规定的被测量并按照一定的规律转换成电信号输出。在YL-335B型自动化生产线中主要用到了磁性开关、光电开关、光纤传感器、电感式接近开关、光电编码器等五种传感器，如表2-1所示。

表 2-1　YL-335B 中使用的传感器

传感器名称	传感器图片	图形符号	在 YL-335B 中的用途
磁性开关			用于自动化生产线各个单元的气缸活塞的位置检测
光电开关			用于分拣单元工件检测 用于供料单元的工件检测
光纤传感器		借用光电开关符号	用于分拣单元不同颜色工件检测

续表

传感器名称	传感器图片	图形符号	在 YL-335B 中的用途
电感式接近开关			用于分拣单元不同金属工件检测
光电编码器		—	用于分拣单元的传动带的位置控制及转速测量

子任务一　磁性开关简介及应用

1．磁性开关简介

在 YL-335B 型自动化生产线中，磁性开关用于各类气缸的位置检测。如图 2-2 所示，用两个磁性开关来检测机械手上气缸伸出和缩回到位的位置。

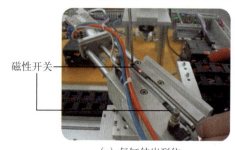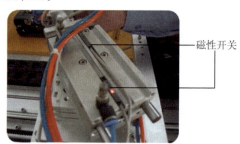

(a) 气缸伸出到位　　　　　　　　　　(b) 气缸缩回到位

图 2-2　磁性开关的应用实例

磁力式接近开关（简称"磁性开关"）是一种非接触式位置检测开关，这种非接触式位置检测不会磨损和损伤检测对象，响应速度快。磁性开关用于检测磁性物质的存在；安装方式上有导线引出型、接插件式、接插件中继型；根据安装场所环境的要求接近开关可选择屏蔽式和非屏蔽式。其实物图及图形符号如图 2-3 所示。

(a) 实物图　　　　　　　　　　(b) 图形符号

图 2-3　磁性开关

当有磁性物质接近图 2-4 所示的磁性开关时，传感器动作，并输出开关信号。在实际应用中，在被测物体上，如在气缸的活塞（或活塞杆）上安装磁性物质，在气缸缸筒外面的两端位置各安装一个磁性开关，就可以用这两个传感器分别标识气缸运动的两个极限位置。

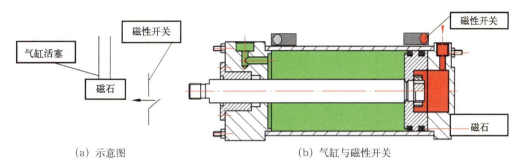

(a) 示意图　　　　　　　　　(b) 气缸与磁性开关

图 2-4　磁性开关传感器的动作原理

磁性开关的内部电路如图 2-5 中点画线框内所示，如采用共阴接法，棕色线接 PLC 输入端，蓝色线接公共端。

2. 磁性开关的安装与调试

在自动化生产线的控制中，可以利用该信号判断气缸的运动状态或所处的位置，以确定工件是否被推出或气缸是否返回。

(1) 电气接线与检查

重点要考虑传感器的尺寸、位置、安装方式、布线工艺、电缆长度以及周围工作环境等因素对传感器工作的影响。按照图 2-5 所示将磁性开关与 PLC 的输入端口连接。

在磁性开关上设置有 LED，用于显示传感器的信号状态，供调试与运行监视时观察。当气缸活塞靠近，接近开关输出动作，输出"1"信号，LED 亮；当没有气缸活塞靠近，接近开关输出不动作，输出"0"信号，LED 不亮。

(2) 磁性开关在气缸上的安装与调整

磁性开关与气缸配合使用，如果安装不合理，可能使得气缸的动作不正确。当气缸活塞移向磁性开关，并接近到一定距离时，磁性开关才有"感知"，开关才会动作，通常把这个距离称为"检出距离"。

在气缸上安装磁性开关时，先把磁性开关装在气缸上，磁性开关的安装位置根据控制对象的要求调整，调整方法简单，只要让磁性开关到达指定位置后，用螺丝刀旋紧固定螺钉（或螺帽）即可，如图 2-6 所示。

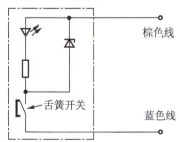
图 2-5　磁性开关内部电路

图 2-6　磁性开关的调整

磁性开关通常用于检测气缸活塞的位置，如果检测其他类型的工件的位置，例如一个浅色塑料工件，这时就可以选择其他类型的接近开关，如光电开关。

子任务二　光电开关简介及应用

1. 光电开关简介

光电接近开关（简称"光电开关"）通常在环境条件比较好、无粉尘污染的场合下使用。光电开关工作时对被测对象几乎无任何影响。因此，在生产线上被广泛地使用。在供料单元中，料仓中工件的检测利用的就是光电开关，如图2-7所示。

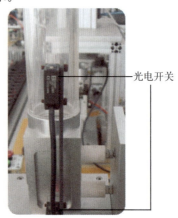

（a）料仓中有工件　　　　（b）料仓中无工件

图2-7　光电开关在供料单元中的应用

在料仓外侧装设两个光电开关分别用于缺料和供料不足检测。这样，料仓中有无储料或储料是否足够，就可用这两个光电开关的信号状态反映出来。供料单元中采用细小光束、放大器内置型漫射式光电开关，其外形和顶端面上的调节旋钮和显示灯如图2-8所示。漫射式光电开关是利用光照射到被测工件上后反射回来的光线而工作的，由于工件反射的光线为漫射光，故称为漫射式光电开关。它由光源（发射光）和光敏元件（接收光）两个部分构成，光发射器与光接收器同处于一侧。

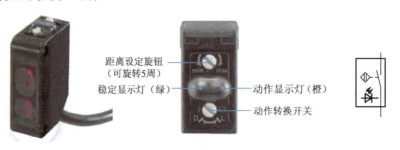

（a）外形　　　　　　　　　　（b）图形符号

图2-8　光电开关的外形、调节旋钮、显示灯和图形符号

在工作时，光发射器始终发射检测光，若光电开关前方一定距离内没有物体，则没有光被反射到光接收器，光电开关处于常态而不动作；反之，若光电开关的前方一定距离内出现物体，只要反射回来的光强度足够，则光接收器接收到足够的漫射光就会使光电开关动作而改变输出的状态。图2-9为漫射式光电开关的工作原理示意图。

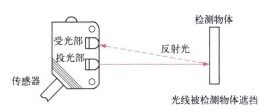

图 2-9　漫射式光电开关的工作原理示意图

2．光电开关在分拣单元中的应用

在自动化生产线的分拣单元中，当工件进入分拣单元传送带时，分拣单元上光电开关发出的光线遇到工件反射回自身的光敏元件，光电开关输出信号，启动传送带运转。

（1）电气与机械安装

根据机械安装图将光电开关初步安装固定；然后连接电气接线。

图 2-10 是 YL-335B 型自动化生产线中使用的漫射式光电开关电路原理图，图中光电开关具有电源极性及输出反接保护功能。光电开关具有自我诊断功能，当对设置后的环境变化（温度、电压、灰尘等）的裕度满足要求时，稳定显示灯显示（如果裕度足够，则亮灯）。当接收光的光敏元件接收到有效光信号，控制输出的晶体管导通，同时动作显示灯显示。这样光电开关能检测自身的光轴偏离、透镜面（传感器面）的污染、地面和背景对其影响、外部干扰的状态等传感器的异常和故障，有利于进行养护，以便设备稳定工作。这也给安装调试工作带来了方便。

 说明：在传感器布线过程中注意电磁干扰，不要被阳光或其他光源直接照射。不要在产生腐蚀性气体、接触到有机溶剂、灰尘较大等的场所使用。

根据图 2-10 所示，将光电开关褐色线接 PLC 输入模块电源"+"端，蓝色线接 PLC 输入模块电源"-"端，黑色线接 PLC 的输入点。

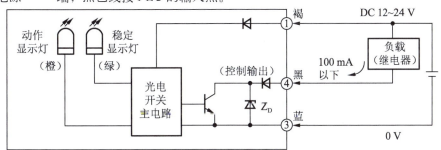

图 2-10　漫射式光电开关电路原理图

（2）安装调整与调试

光电开关具有检测距离长、对检测物体的限制小、响应速度快、分辨率高、便于调整等优点。但在光电开关的安装过程中，必须保证传感器到被检测物的距离在"检出距离"范围内，同时考虑被检测物的形状、大小、表面粗糙度及移动速度等因素。光电开关的调试过程如图2-11所示。图2-11（a）中，光电开关调整位置不到位，对工件反应不敏感，动作显示灯不亮；图2-11（b）中光电开关位置调整合适，对工件反应敏感，动作显示灯亮而且稳定显示灯亮；图2-11（c）中，当没有工件靠近光电开关时，光电开关没有输出。

(a) 光电开关没有安装合适　　(b) 光电开关位置调整合适检测到工件　　(c) 光电开关没有检测到工件

图 2-11　光电开关的调试过程

调试光电开关的位置合适后，将固定螺母锁紧。

光电开关的光源采用绿光或蓝光可以判别颜色，根据表面颜色的反射率特性不同，光电开关可以进行产品的分拣，为了保证光的传输效率，减小衰减，在分拣单元中采用光纤式光电开关对黑白两种工件的颜色进行识别。

子任务三　光纤式光电接近开关简介及应用

1. 光纤式光电接近开关简介

在分拣单元传送带上方分别装有两个光纤式光电接近开关，如图 2-12 所示。光纤式光电接近开关由光纤检测头、光纤放大器两部分组成，光纤放大器和光纤检测头是分离的两个部分，光纤检测头的尾端部分分成两条光纤，使用时分别插入光纤放大器的两个光纤孔。光纤式光电接近开关的输出连接至 PLC。为了能对白色和黑色工件进行区分，使用中将两个光纤式光电接近开关灵敏度调整成不一样。

(a) 光纤检测头　　　　　　　　　(b) 光纤放大器

图 2-12　光纤式光电接近开关在分拣单元中的应用

光纤式光电接近开关（简称"光纤式光电开关"）也是光纤传感器的一种，光纤传感器传感部分没有丝毫电路连接，不产生热量，只利用很少的光能，这些特点使光纤传感器成为危险环境下的理想选择。光纤传感器还可以用于关键生产设备的长期高可靠稳定的监视。相对于传统传感器，光纤传感器具有下述优点：抗电磁干扰，可工作于恶劣环境，传输距离远，使用寿命长，此外，由于光纤检测头具有较小的体积，所以可以安装在很小空间的地方；光纤放大器可根据需要来放置。例如有些生产过程中烟火、电火花等可能引起爆炸和火灾，光能不会成为火源，所以不会引起爆炸和火灾，可将光纤检测头设置在危险场所，将光纤放大器设置在非危险场所进行使用。光纤传感器安装示意图如图 2-13 所示。

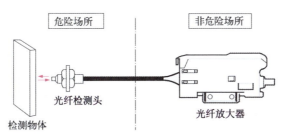

图 2-13 光纤传感器安装示意图

光纤传感器由光纤检测头、光纤放大器两部分组成，光纤放大器和光纤检测头是分离的两个部分。光纤传感器结构上分为传感型和传光型两大类。传感型是以光纤本身作为敏感元件，使光纤兼有感受和传递被测信息的作用；传光型是把由被测对象所调制的光信号输入光纤，通过输出端进行光信号处理而进行测量的，传光型光纤传感器的工作原理与光电传感器类似。在分拣单元中采用的就是传光型的光纤式光电开关，光纤仅作为被调制光的传播线路使用，其外观如图2-14所示，一个发光端、一个光的接收端，分别连接到光纤放大器。

图 2-14 光纤式光电开关

2. 光纤式光电开关在分拣单元中的应用

在分拣单元中光纤式光电开关的放大器的灵敏度可以调节，当光纤传感器灵敏度调得较小时，对于反射性较差的黑色工件，光纤放大器无法接收到反射信号；而对于反射性较好的白色工件，光纤放大器光电探测器就可以接收到反射信号。从而可以通过调节光纤光电开关的灵敏度来判别黑白两种颜色的工件，将两种工件区分开，从而完成自动分拣工序。

（1）电气与机械安装

安装过程中，首先将光纤检测头固定，将光纤放大器安装在导轨上，然后将光纤检测头的尾端两条光纤分别插入放大器的两个光纤孔。然后根据图 2-15 进行电气接线，接线时请注意根据导线颜色判断电源极性和信号输出线。

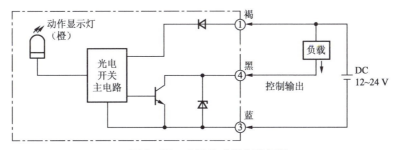

图 2-15 光纤传感器电路框图

（2）灵敏度调整

在分拣单元中如何来进行调试呢？图 2-12（b）所示是使用螺丝刀来调整传感器灵敏度的。图 2-16 给出了光纤放大器的俯视图，调节灵敏度高速旋钮就能进行放大器灵敏度调节。调节时，会看到"入光量显示灯"发光的变化。在检测距离固定后，当白色工件出现在光纤检测头下方时,"动作显示灯"亮,提示检测到工件;当黑色工件出现在光纤检测头下方时,"动作显示灯"不亮,这个光纤式光电开关调试完成。

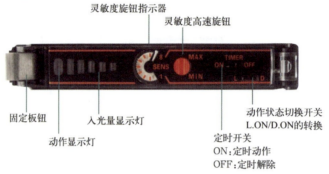

图 2-16　光纤放大器的俯视图

光纤式光电开关在自动化生产线上应用越来越多,但在一些尘埃多、容易接触到有机溶剂及需要较高性价比的应用中,实际上可以选择使用其他一些传感器来代替,如电容式接近开关、电涡流式接近开关。

子任务四　电感式接近开关简介及应用

供料单元中,为了检测待加工工件是否为金属材料,在供料管底座侧面安装了一个电感式传感器,如图 2-17 所示。

电涡流式接近开关属于电感式传感器的一种,是利用电涡流效应制成的有开关量输出的位置传感器。它由 LC 高频振荡器和放大处理电路组成,利用金属物体在接近这个能产生电磁场的振荡感应头时,使物体内部产生电涡流的原理进行工作。这个电涡流反作用于接近开关,使接近开关振荡能力衰减,内部电路的参数发生变化,由此识别出有无金属物体接近,进而控制开关的通或断。这种接近开关所能检测的物体必须是金属物体,其工作原理图如图 2-18 所示。

图 2-17　供料单元上的电感式传感器

无论是哪一种接近传感器,在使用时都必须注意被检测物体的材料、形状、尺寸、运动速度等因素,如图 2-19 所示。

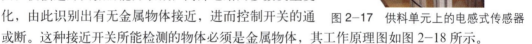

图 2-18　电涡流式接近开关的工作原理图　　　　图 2-19　接近传感器与标准检测物

在传感器安装与选用中，必须认真考虑检测距离、设定距离，保证自动化生产线上的传感器可靠动作。安装距离注意说明如图 2-20 所示。

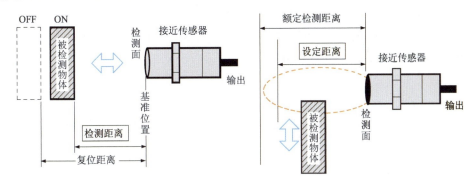

图 2-20　安装距离注意说明

 在一些精度要求不是很高的场合，接近开关可以用来产品计数、测量转速，甚至是测量旋转位移的角度。但在一些要求较高的场合，往往用光电编码器来测量旋转位移或者间接测量直线位移。

子任务五　光电编码器简介及应用

在 YL-335B 型自动化生产线的分拣单元的控制中，传送带定位控制是由光电编码器来完成的。同时，光电编码器还要完成电动机转速的测量。图 2-21 所示为光电编码器在分拣单元中的应用。

光电编码器是通过光电转换，将机械、几何位移量转换成脉冲或数字量的传感器，它主要用于速度或位置（角度）的检测。典型的光电编码器由码盘、检测光栅、光电转换电路（包括光源、光敏器件、信号转换电路）、机械部件等组成。一

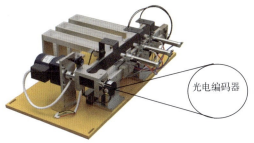

图 2-21　光电编码器在分拣单元中的应用

般来说，根据光电编码器产生脉冲的方式不同，可以分为增量式、绝对式及复合式三大类，生产线上常采用的是增量式光电编码器，其结构如图 2-22 所示。

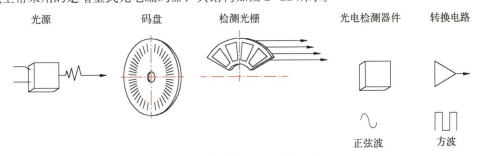

图 2-22　增量式光电编码器的结构

光电编码器的码盘条纹数决定了传感器的最小分辨角度,即分辨角 $α=360°/$ 条纹数。如条纹数为 500,则分辨角 $α=360°/500=0.72°$。在光电编码器的检测光栅上有两组条纹 A 和 B,A、B 条纹错开 1/4 节距,两组条纹对应的光敏元件所产生的信号彼此相差 90°,用于辨向。此外,在光电编码器的码盘里圈有一个透光条纹 Z,用以每转产生一个脉冲,该脉冲成为移转信号或零标志脉冲,其输出波形图如图 2-23 所示。

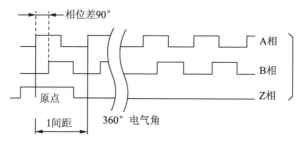

图 2-23 增量式编码器输出波形图

YL-335B 型自动化生产线的分拣单元使用了这种具有 A、B 两相 90°相位差的旋转编码器,用于计算工件在传送带上的位置。旋转编码器直接连接到传送带主动轴上。该旋转编码器的三相脉冲采用 NPN 型集电极开路输出,分辨率 500 线,工作电源为 DC 12～24 V。本工作单元没有使用 Z 相脉冲,A、B 两相输出端直接连接到 PLC 的高速计数器输入端。

计算工件在传送带上的位置时,需确定每两个脉冲之间的距离,即脉冲当量。分拣单元主动轴的直径 $d=43$ mm,则减速电动机每旋转一周,传送带上工件移动距离 $L=π×d=3.14×43$ mm$=135.02$ mm。故脉冲当量 $μ=L/500=0.27$ mm。

当工件从下料口中心线移动到第一个推杆中心点的距离为 164 mm 时,旋转编码器发出 607 个脉冲。

在实际自动化生产线中还有许多其他先进的传感器,例如在产品质检中用到 CCD（charge coupled device,电荷耦合器件）图像传感器、在直线位移检测中用到的光栅、磁栅等传感器。可以根据自动化生产线的需要来进行选择。

知识、技能归纳

自动化生产线上所使用的传感器种类繁多,很多时候自动化生产线不能正常工作的原因就是因为传感器安装调试不到位引起的,因而在机械部分安装完毕后进行电气调试时,第一步就是进行传感器的安装与调试。

说明:自动化生产线上常用的传感器有接近开关,位移测量传感器,压力测量传感器,流量测量传感器,温度、湿度检测传感器,成分检测传感器,图像检测传感器等许多类型,这里没有全部给予介绍。每种传感器的使用场合与要求不同,检测距离、安装方式、输出接口电气特性都不同,这需要在安装调试中与执行机构、控制器等综合考虑,有言道"眼睛是心灵的窗口",没有敏锐的感觉就没有敏捷的动作,也就是说没有传感器技术就没有自动化技术的发展。

工程素质培养

查阅YL-335B型自动化生产线中涉及的传感器的产品手册,说明每种传感器的特点,你明白本自动化生产线为何选择这些传感器吗?你想如何选择?安装中有哪些注意事项?

任务二　自动化生产线中的异步电动机控制

任务目标

1. 掌握异步电动机的控制方法;
2. 能使用变频器进行异步电动机的控制;
3. 会设置变频器的参数。

在自动化生产线中,有许多机械运动控制,就像人的手和足一样,用来完成机械运动和动作。实际上,自动化生产线中作为动力源的传动装置有各种电动机、气动装置和液压装置。在YL-335B中,分拣单元传送带的运动控制由交流电动机来完成。若将异步电动机比作兵器的话,那么其控制器就像是招式。YL-335B分拣单元的传送带动力为三相交流异步电动机,在运行中,它不仅要求可以改变速度,也需要改变方向。三相交流异步电动机利用电磁线圈把电能转换成电磁力,再依靠电磁力做功,从而把电能转换成转子的机械运动。交流电动机结构简单,可产生较大功率,在有交流电源的地方都可以使用。

子任务一　交流异步电动机的使用

YL-335B分拣单元的传送带使用了带减速装置的三相交流电动机,如图2-24所示,使得传送带的运转速度适中。

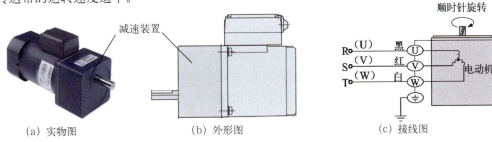

图2-24　三相交流减速电动机

当三相交流异步电动机绕组电流的频率为f，磁极对数为p，则同步转速（r/min）可用$n_0=120f/p$表示。异步电动机的转子转速n的计算公式如下：

$$n=\frac{60f}{p}(1-s) \tag{2-1}$$

式中　s——转差率。

由式（2-1）可见，要改变异步电动机的转速：①改变磁极对数p；②改变转差率s；③改变频率f。

在YL-335B型自动化生产线的分拣单元的传送带的控制上，交流电动机的调速采用变频调速的方式。如何来实现传送带的方向控制？常规的方法是通过改变交流电动机供电电源的相序，就可改变交流电动机的转向。分拣单元电动机的速度和方向控制都由变频器完成。

三相异步电动机在运行过程中需要注意，若其中一相和电源断开，则变成单相运行，此时电动机仍会按原来方向运转，但若负载不变，三相供电变为单相供电，电流将变大，导致电动机过热，使用中要特别注意这种现象；三相异步电动机若在启动前有一相断电，将不能启动，此时只能听到嗡嗡声，长时间启动不了，也会过热，必须尽快排除故障。注意，外壳的接地线必须可靠地接大地，防止漏电引起人身伤害。

子任务二　通用变频器驱动装置的使用

YL-335B分拣单元使用的三相交流减速电动机的速度、方向控制采用西门子通用变频器G120C，其电气连接如图2-25所示。三相交流电源经熔断器、空气断路器、滤波器（可选）、变频器输出到电动机。

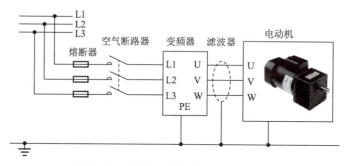

图2-25　变频器与电动机的电气连接

在图2-25中，有两点需要注意：一是屏蔽，二是接地。滤波器到变频器、变频器到电动机的线采用屏蔽线，并且屏蔽层需要接地，另外带电设备的机壳要接地。

1. 通用变频器的工作原理

通用变频器是如何实现电动机速度及方向控制的？变频器控制输出正弦波的驱动电源是以恒电压频率比（U/f）保持磁通不变为基础的，经过正弦波脉宽调制（SPWM）驱动主电路，以产生U、V、W三相交流电驱动三相交流异步电动机。

什么是SPWM？如图2-26所示，它先将50 Hz交流经变压器得到所需的电压后，经二极管整流桥和LC滤波，形成恒定的直流电压，再送入六个大功率晶体管构成的逆变器主电路，输出三相频率和电压均可调整的等效于正弦波的脉宽调制波（SPWM波），即可拖动三相异步电动机运转。

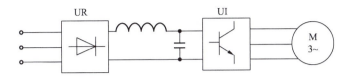

图 2-26 SPWM 交-直-交变压变频器的原理框图

什么是等效于正弦波的脉宽调制波？如图 2-27 所示，把正弦半波分成 n 等份，每一区间的面积用与其相等的等幅不等宽的矩形面积代替，则矩形脉冲所组成的波形就与正弦波等效。正弦波的正负半周均如此处理。

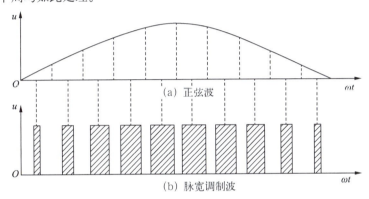

图 2-27 等效于正弦波的脉宽调制波

那么怎样产生图 2-27（b）所示的脉宽调制波？SPWM 调制的控制信号为幅值和频率均可调的正弦波，载波信号为三角波，如图 2-28（a）所示，该电路采用正弦波控制，三角波调制。当控制电压高于三角波电压时，比较器输出电压 U_d 为"高"电平；否则，输出"低"电平。

以 A 相为例，只要正弦波的最大值低于三角波的幅值，就导通 T1，封锁 T4，这样就输出等幅不等宽的 SPWM 脉宽调制波。

SPWM 调制波经功率放大才能驱动电动机。在图 2-28（b）SPWM 变频器主电路图中，左侧的桥式整流器将工频交流电变成直流恒值电压，给图中右侧逆变器供电。等效正弦脉宽调制波 u_a、u_b、u_c 送入 T1～T6 的基极，则逆变器输出脉宽按正弦规律变化的等效矩形电压波，经过滤波变成正弦交流电用来驱动交流伺服电动机。

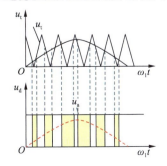

(a) 控制信号正弦波和载波

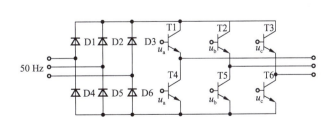

(b) SPWM 变频器主电路图

图 2-28 SPWM 变频器工作原理及主电路图

2. 认识西门子通用变频器G120C

SINAMICS G120系列变频器的设计目标是为交流电动机提供经济的、高精度的速度/转矩控制。按照尺寸的不同，功率范围覆盖为0.37～250 kW，广泛适用于变频驱动的应用场合，其高性能的IGBT及电动机电压脉宽调制技术和可选择的脉宽调制频率的采用，使得电动机运行极为灵活。多方面的保护功能可以为电动机提供更高一级的保护。

SINAMICS G120C变频器是一个智能化的数字式变频器，在基本操作板（BOP）上可以进行参数设置。参数分为两个级别：

① 标准级：可以访问最经常使用的参数。

② 专家级：只供专家使用。

G120C变频器的端子图如图2-29所示。

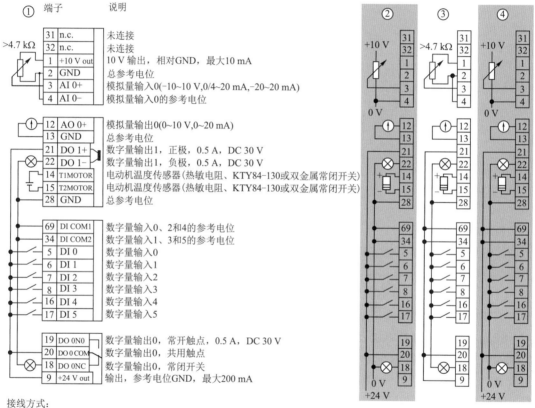

接线方式：

①通过内部电源的连接，开关闭合后，数字量输入变为高电平。

②通过外部电源的连接，开关闭合后，数字量输入变为高电平。

③通过内部电源的连接，开关闭合后，数字量输入变为低电平。

④通过外部电源的连接，开关闭合后，数字量输入变为低电平。

图2-29 G120C变频器的端子图

图2-30所示为基本操作面板（BOP）的外形。利用BOP可以改变变频器的各个参数。

BOP具有七段显示的五位数字，可以显示参数的序号和数值，报警和故障信息，以及设定值和实际值。参数的信息能用BOP存储。

基本操作面板（BOP）上的按钮及其功能如表2-2所示。

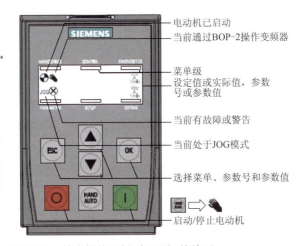

图 2-30 基本操作面板（BOP）的外形

表 2-2 基本操作面板（BOP）上的按钮及其功能

显示/按钮	功 能	功 能 说 明
r0000	状态显示	LCD 显示变频器当前的设定值
I	启动变频器	按此键启动变频器。默认值运行时此键是被封锁的
O	停止变频器	OFF1：按此键，变频器将按选定的斜坡下降速率减速停车
▲	增加数值	按此键即可增加面板上显示的参数数值
▼	减少数值	按此键即可减少面板上显示的参数数值
ESC	退出当前模式	从当前菜单退出，退出到菜单选择界面
OK	确认	按下即确认

3．G120C 变频器的参数设置

G120C 的每一个参数名称对应一个参数的编号。参数号用 0000～9999 的 4 位数字表示。在参数号的前面冠以一个小写字母"r"时，表示该参数是"只读"的参数。其他所有参数号的前面都冠以一个大写字母"P"。这些参数的设定值可以直接在标题栏的"最小值"和"最大值"范围内进行修改。

（1）更改参数数值的方法

用 BOP 可以修改和设定系统参数，使变频器具有期望的特性，例如，斜坡时间、最小频率和最大频率等。选择的参数号和设定的参数值在 5 位数字的 LCD 上显示。

更改参数数值的步骤可大致归纳为：①查找所选定的参数号；②进入参数值访问级，修改参数值；③确认并存储修改好的参数值。

图 2-31 举例说明如何修改参数 P0327 的数值。按照图中说明的类似方法，可以用 BOP 设定常用的参数。长按 OK 键可以进行参数的单位数编辑。按下 ▲ 和 ▼ 键可以修改参数的各个单位数且按下 OK 键可进行单独确认。

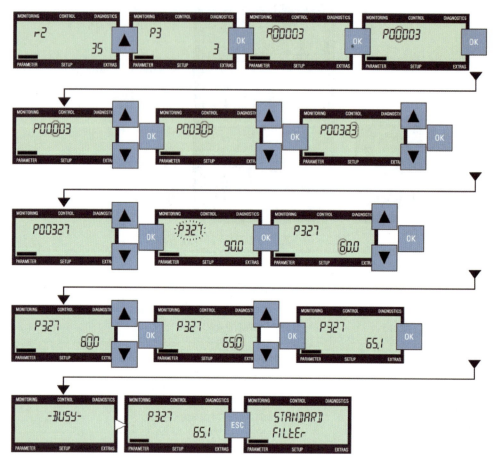

图 2-31　P0327 参数设置过程

（2）G120C 变频器参数设置说明

G120C 变频器模拟量参数设置如表 2-3 所示。

表 2-3　G120C 变频器模拟量参数设置表

序号	参数号	设置值	参数号注释
1	P0010	30	参数复位
2	P0970	1	启动参数复位
3	P0010	1	快速调试
4	P0015	17	宏连接
5	P0300	1	设置为异步电动机
6	P0304	380 V	电动机额定电压
7	P0305	0.18 A	电动机额定电流
8	P0307	0.03 kW	电动机额定功率
9	P0310	50 Hz	电动机额定频率
10	P0311	1 300 r/min	电动机额定转速

续表

序号	参数号	设置值	参数号注释
11	P0341	0.00 001 kg·m²	电动机转动惯量
12	P0756	0	单极电压输入（0～10 V）
13	P1082	1 300 r/min	最大转速
14	P1120	0.1 s	加速时间
15	P1121	0.1 s	减速时间
16	P1900	0	电动机数据检查
17	P0010	0	电动机就绪
18	P0971	1	参数保存

实际应用中，根据自动化生产线项目控制需要对变频器进行复杂的设置，更多内容可以参看相关技术手册。也可以根据自动化生产线上电动机的驱动要求选择其他伺服驱动装置，如直流电动机采用晶体管直流脉宽调制驱动器，矢量控制交流变频驱动器等。

知识、技能归纳

变频调速是交流调速的重要发展方向，目前得到了广泛的应用。正弦波脉宽调制是对逆变器的开关元件按一定规律控制其通断，从而获得一组等幅不等宽的矩形脉冲，其基波近似正弦波电压。当前变频器越来越智能化，应用中重点关注其参数设置、与外围设备的连接及控制。

工程素质培养

查阅电动机和变频驱动厂家资料，整理出本自动化生产线安装与调试中应注意的环节，能根据电动机选择相应的驱动装置。

▶ 任务三 伺服电动机及驱动器在自动化生产线中的使用

这就是一款伺服电动机及驱动器

任务目标

1. 掌握伺服电动机的特性及控制方法，伺服驱动器的原理及电气接线；
2. 能使用伺服驱动器进行伺服电动机的控制；
3. 会设置伺服驱动器的参数。

伺服电动机又称执行电动机，在自动控制系统中，用作执行元件，把所收到的电信号转换成电动机轴上的角位移或角速度输出。分为直流和交流伺服电动机两大类，其主要特点是，当信号电压为零时无自转现象，转速随着转矩的增加而匀速下降。交流伺服电动机是无刷电动机，分为同步和异步电动机，目前运动控制中一般都用同步电动机，它的功率范围大，可以做到很大的功率，惯量大，因而适于低速平稳运行的应用。

20 世纪 80 年代以来，随着集成电路、电力电子技术和交流可变速驱动技术的发展，永磁交流伺服驱动技术有了突出的发展，交流伺服系统已成为当代高性能伺服系统的主要发展方向。

当前，高性能的电伺服系统大多采用永磁同步交流伺服电动机，控制驱动器多采用快速、准确定位的全数字位置伺服系统。典型生产厂家有深圳汇川、福建精研、德国西门子和日本安川等公司。YL-335B 采用了 SINAMICS V90 系列伺服电动机及驱动装置。

子任务一　认知交流伺服电动机及驱动器

在 YL-335B 的输送单元中，采用了西门子 SIMOTICS S-1FL6 交流伺服电动机，以及 SINAMICS V90 伺服驱动装置作为运输机械手的运动控制装置，如图 2-32 所示。

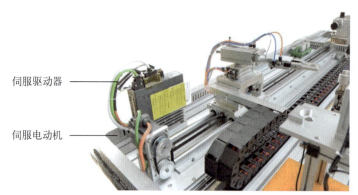

图 2-32　YL-335B 的输送单元上的伺服电动机及驱动装置

交流伺服电动机的工作原理：伺服电动机内部的转子是永磁铁，驱动器控制的 U/V/W 三相电形成电磁场，转子在此磁场的作用下转动，同时伺服电动机自带的编码器反馈信号给驱动器，驱动器根据反馈值与目标值进行比较，调整转子转动的角度。伺服电动机的精度决定于编码器的精度（线数）。其结构概图如图 2-33 所示。注意，伺服电动机最容易损坏的是电动机的编码器，因为其中有很

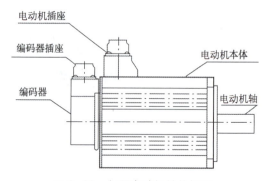

图 2-33　伺服电动机结构概图

精密的玻璃光盘和光电元件，因此伺服电动机应避免强烈的振动，不得敲击伺服电动机的端部和编码器部分。

交流永磁同步伺服驱动器主要有伺服控制单元、功率驱动单元、通信接口单元、伺服电动机及相应的反馈检测器件组成，其系统结构框图如图 2-34 所示。其中，伺服控制单元包括位置控制器、速度控制器、转矩和电流控制器等。

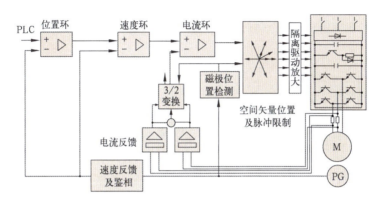

图 2-34　伺服驱动器系统结构框图

伺服驱动器的面板图如图 2-35 所示。

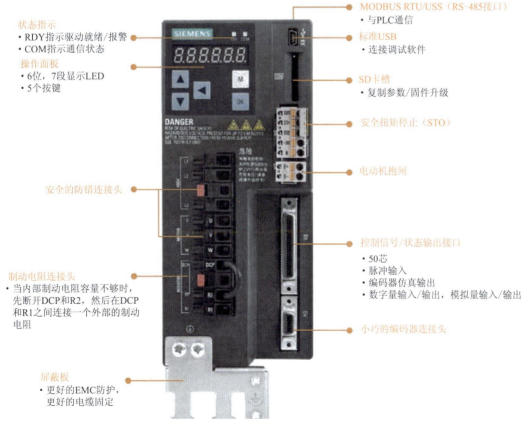

图 2-35　伺服驱动器的面板图

子任务二 伺服电动机及驱动器的硬件接线

伺服电动机及驱动器与外围设备之间的接线图如图 2-36 所示，输入电源经断路器、滤波器后直接到控制电源输入端 L1、L3，滤波器后的电源经接触器、电抗器后到伺服驱动器的主电源输入端 L1、L3，伺服驱动器的输出电源 U、V、W 接伺服电动机，伺服电动机的编码器输出信号也要接到驱动器的编码器接入端（X9），相关的 I/O 控制信号（X8）还要与 PLC 等控制器相连接，伺服驱动器还可以与计算机相连，用于参数设置。下面将从三个方面来介绍伺服驱动装置的接线。

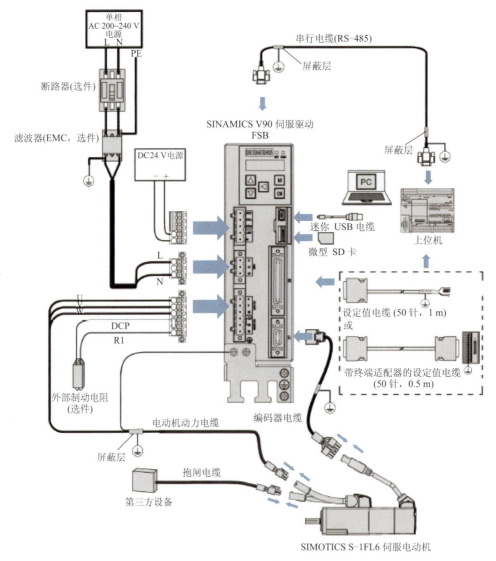

图 2-36 伺服电动机及驱动器与外围设备之间的接线图

1. 主回路的接线

SINAMICS V90 伺服驱动器的主接线图如图 2-37 所示，接线时，电源电压务必按照驱动器铭牌上的指示，电动机接线端子（U、V、W）不可以接地或短路，交流伺服电动机的旋转方向不像感应电动机可以通过交换三相电源相序来改变，必须保证驱动器上的 U、V、W、E 接线端子与电动机主回路接线端子按规定的次序一一对应，否则可能造成驱动器的损坏。电动机的接线端子和驱动器的接地端子以及滤波器的接地端子必须保证可靠地连接到同一个接地点上。机身也必须接地。

YL-335B 输送单元中，伺服电动机用于定位控制，选用位置控制模式。采用的是简化接线方式，如图 2-37 所示。

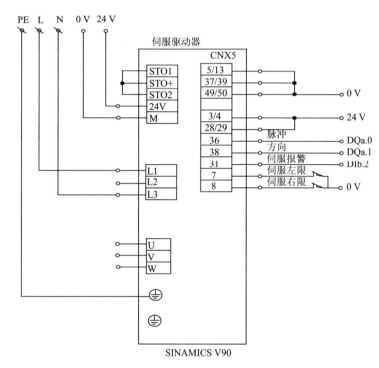

图 2-37 伺服驱动器主电路的接线

2. 电动机的光电编码器与伺服驱动器的接线

在 YL-335B 中使用的 SIMOTICS S-1FL6 伺服电动机编码器为 2 500 p/r 的增量式编码器，接线如图 2-38 所示，接线时采用屏蔽线，且距离最长不超过 30 m。

3. PLC控制器与伺服驱动器的接线

SINAMICS V90 伺服驱动器的控制端口 X8（数字量输入可以进行 NPN 或 PNP 转换）的定义如图 2-39 所示，对其他输入量的定义请参看《SINAMICS V90 系列伺服电动机手册》。

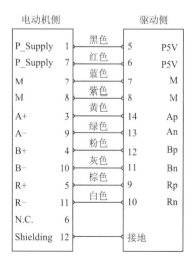

图 2-38 电动机编码器与伺服驱动器的连接

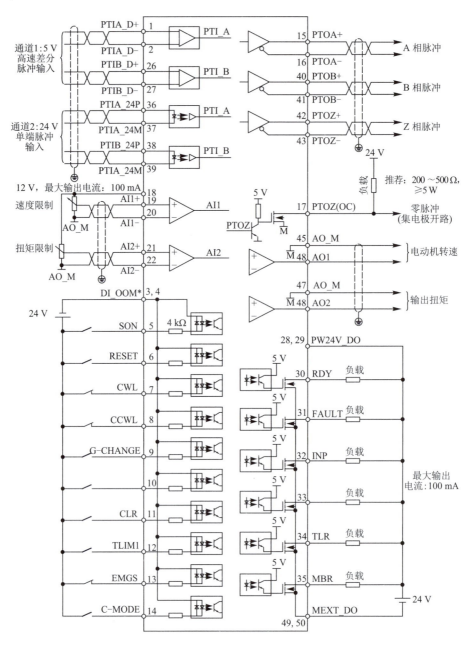

图 2-39 SINAMICS V90 伺服驱动器的控制端口图

子任务三 伺服驱动器的参数设置与调整

1. 参数设置方式操作说明

SINAMICS V90 伺服驱动器的参数有许多个,可以通过与 PC 连接后在专门的调试软件上进行设置,也可以在驱动器上的面板上进行设置。在 PC 上安装,通过与伺服驱动器建立起通信,就可将伺服驱动器的参数状态读出或写入,非常方便。当现场条件不允许,或修改少量参数时,也可通过驱动器上操作面板来完成。SINAMICS V90 在其正面设有基本操作面板(BOP)。

SINAMICS V90 基本操作面板如图 2-40 所示。

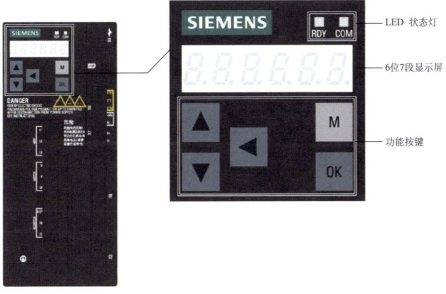

图 2-40　SINAMICS V90 基本操作面板

2. 面板按键功能说明

面板按键功能说明如表 2-4 所示。

表 2-4　面板按键功能说明

按　键	说　明	功　能
M	M 键	• 退出当前菜单； • 在主菜单中进行操作模式的切换
OK	OK 键	短按： • 确认选择或输入； • 进入子菜单； • 清除报警； 长按： • 激活辅助功能； • 设置Drive Bus总线地址； • JOG； • 保存驱动中的参数集（RAM至ROM）； • 恢复参数集的出厂设置； • 传输数据（驱动至微型SD卡/SD卡）； • 传输数据（微型SD卡/SD卡至驱动）； • 更新固件
▲	向上键	• 翻至下一菜单项； • 增加参数值； • 顺时针方向JOG
▼	向下键	• 翻至上一菜单项； • 减小参数值； • 逆时针方向JOG

续表

按　　键	说　　明	功　　能
◀	移位键	将光标从位移动到位进行独立的位编辑，包括正向/负向标记的位
OK + M	长按 M+OK 键 4 s	重启驱动
▲ + ◀	按下向上键+移位键	当右上角显示「时，向左移动当前显示页，如 00.000「
▼ + ◀	按下向下键+移位键	当右下角显示」时，向右移动当前显示页，如 00.10」

3．伺服参数设置说明

伺服参数设置如表 2-5 所示。

表 2-5　伺服参数设置

序号	参　　数		设置数值	功能和含义
	参数编号	参数名称		
1	P29003	控制模式	0	PTI 位置控制
2	P29010	脉冲＋方向	0	位置控制（相关代码 P）
3	P29014	设置脉冲输入通道	1	24 V 单端脉冲输入
4	P29011	电动机每旋转一转的脉冲数	6 000	
5	P1520	扭矩上限	0.64	
6	P1521	扭矩下限	−0.64	
7	P2546	LR 动态跟随误差监控公差	0	
8	P29110	位置环增益	2.0	
9	P29120	速度环增益	0.028	

知识、技能归纳

在 YL-335B 中，交流伺服电动机是输送单元的运动执行元件，其功能是将电信号转换成机械手的直线位移或速度。伺服电动机分为交流伺服电动机和直流伺服电动机两大类，交流伺服系统已成为当代高性能伺服系统的主要发展方向。常用的交流伺服电动机一般由永磁式同步电动机和同轴的光电编码器构成，内装编码器的精度决定了控制精度。

> 说明：交流伺服驱动器由伺服控制单元、功率驱动单元、通信接口单元、伺服电动机及相应的反馈检测器件组成。伺服控制单元包括位置控制器、速度控制器、转矩控制器等。本任务中需要掌握伺服电动机及驱动器的电气特性，正确认识伺服驱动器的外部端口功用，能正确接线，能正确设定伺服驱动器的控制参数。

工程素质培养

伺服驱动器的参数较多，外部端口较复杂，查阅交流伺服电动机和驱动器的厂家资料，认识所有外部端口的作用，整理出伺服驱动器相关参数的作用，尝试在手动方式下进行伺服电动机及驱动器的检验。

任务四　气动技术在自动化生产线中的使用

任务目标

1. 掌握常见气动元件的功能、特性；
2. 能使用气动元件构成气动系统，连接气路。

在 YL-335B 上安装了许多气动元件，包括气泵、过滤减压阀、单向电磁阀、双向电磁阀、气缸、汇流板等。其中，气缸使用了薄型气缸、双杆气缸、手指气缸、笔形气缸、回转气缸 5 种类型共 17 个。图 2-41 所示为 YL-335B 中使用的气动元件。

(a) 气泵

(b) 过滤减压阀

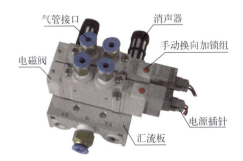

(c) 单向电磁阀及汇流板

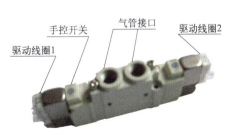

(d) 双向电磁阀

图 2-41　YL-335B 中使用的气动元件

(e) 薄型气缸　　　　(f) 双杆气缸　　　　(g) 手指气缸

(h) 笔形气缸　　　　(i) 回转气缸

图2-41　YL-335B中使用的气动元件（续）

图2-41实际包含以下四部分：气源装置、控制元件、执行元件、辅助元件。

① 气源装置：用于将原动机输出的机械能转变为空气的压力能。其主要设备是空气压缩机，如图2-41（a）所示的气泵。

② 控制元件：用于控制压缩空气的压力、流量和流动方向，以保证执行元件具有一定的输出力和速度并按设计的程序正常工作，如图2-41（c）、（d）所示的电磁阀。

③ 执行元件：用于将空气的压力能转变为机械能的能量转换装置，如图2-41（e）～图2-41（i）所示的各式气缸。

④ 辅助元件：用于辅助保证空气系统正常工作的一些装置，如过滤减压阀［见图2-41（b）］、干燥器、空气过滤器、消声器和油雾器等。

  说明：气动系统是以压缩空气为工作介质来进行能量与信号传递的。利用空气压缩机将电动机或其他原动机输出的机械能转变为空气的压力能，然后在控制元件的控制和辅助元件的配合下，通过执行元件把空气的压力能转变为机械能，从而完成直线或回转运动并对外做功。

子任务一　气泵的认知

图2-42所示为产生气动力源的气泵，包括空气压缩机、压力开关、过载安全保护器、储气罐、气源开关、压力表、主管道过滤器。

上述气源装置是用来产生具有足够压力和流量的压缩空气并将其净化、处理及存储的一套装置。主要由以下元件组成：空气压缩机、后冷却器、除油器、储气罐、干燥器、过滤器、输气管道。

图 2-42 气泵上的元件介绍

子任务二 气动执行元件的认知

气动系统常用的执行元件为气缸和气马达。气缸用于实现直线往复运动；气马达用于实现连续回转运动。在 YL-335B 中只用到了气缸，包括薄型气缸、双杆气缸、手指气缸、笔形气缸、回转气缸等，如图 2-43 所示。

(a) 薄型气缸　　(b) 双杆气缸　　(c) 手指气缸

(d) 笔形气缸　　(e) 回转气缸

图 2-43 YL-335B 中使用的气缸

气缸主要由缸筒、活塞杆、前后端盖及密封件等组成，图 2-44 所示为普通型单活塞双作用气缸结构。

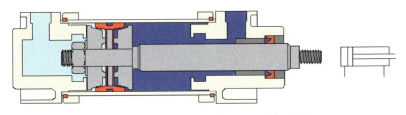

图 2-44 普通型单活塞双作用气缸结构

所谓双作用是指活塞的往复运动均由压缩空气来推动。在单伸出活塞杆的动力缸中，因活塞右边的面积较大，当空气压力作用在右边时，提供一慢速的和作用力大的工作行程；返回行程时，由于活塞左边的面积较小，所以速度较快而作用力变小。此类气缸的使用最为广泛，一般应用于包装机械、食品机械、加工机械等设备上。

回转物料台的主要器件是气动摆台，它是由直线气缸驱动齿轮齿条实现回转运动的。回转角度能在 0°～90° 和 0°～180° 之间任意调节，而且可以安装磁性开关，检测旋转到位信号，多用于方向和位置需要变换的机构，如图 2-45 所示。

图 2-45　气动摆台

YL-335B 所使用的气动摆台的摆动回转角度能在 0°～180° 范围任意可调。当需要调节回转角度或调整摆动位置精度时，应首先松开调节螺杆上的反扣螺母，通过旋入和旋出调节螺杆，从而改变回转凸台的回转角度，调节螺杆 1 和调节螺杆 2 分别用于左旋和右旋角度的调整。当调整好摆动角度后，应将反扣螺母与基体反扣锁紧，防止调节螺杆松动，造成回转精度降低。

气缸的种类很多，分类的方法也不同，一般可按压缩空气作用在活塞端面上的方向、结构特征和安装形式来分类。也可按尺寸分类，通常将缸径为 2.5～6 mm 的称为微型气缸，8～25 mm 的称为小型气缸，32～320 mm 的称为中型气缸，大于 320 mm 的称为大型气缸；按安装方式分为固定式气缸和摆动式气缸；按润滑方式分为给油气缸和不给油气缸；按驱动方式分为单作用气缸和双作用气缸。

子任务三　气动控制元件的认知

在 YL-335B 中使用的气动控制元件按其作用和功能有压力控制阀、流量控制阀、方向控制阀。

（1）压力控制阀

在 YL-335B 中使用到的压力控制阀主要有减压阀、溢流阀。

① 减压阀的作用是降低由空气压缩机来的压力，以适于每台气动设备的需要，并使这一部分压力保持稳定。减压阀的结构及实物图如图 2-46 所示。

② 溢流阀的作用是当系统压力超过调定值时，便自动排气，使系统的压力下降，以保证系统安全，故也称其为安全阀。图 2-47 所示是安全阀的工作原理图及图形符号。

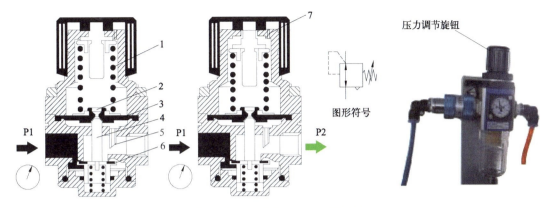

图 2-46 减压阀的结构及实物图

1—调压弹簧；2—溢流阀；3—膜片；4—阀杆；5—反馈导杆；6—主阀；7—溢流口

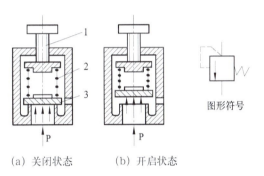

(a) 关闭状态　　(b) 开启状态

图 2-47 安全阀的工作原理图及图形符号

1—旋钮；2—弹簧；3—活塞

(2) 流量控制阀

在 YL-335B 中使用的流量控制阀主要是节流阀。

节流阀是将空气的流通截面缩小以增加气体的流通阻力，而降低气体的压力和流量。如图 2-48 所示，阀体上有一个调整螺钉，可以调节节流阀的开口度（无级调节），并可保持其开口度不变，此类阀称为可调节开口节流阀。

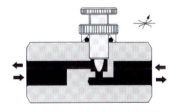

图 2-48 节流阀的结构原理图

可调节节流阀常用于调节气缸活塞运动速度，可直接安装在气缸上。这种节流阀有双向节流作用。使用节流阀时，节流面积不宜太小，因空气中的冷凝水、尘埃等塞满阻流口通路会引起节流量的变化。

为了使气缸的动作平稳可靠，气缸的作用气口都安装了限出型气缸节流阀。气缸节流阀的作用是调节气缸的动作速度。节流阀上带有气管的快速接头，只要将合适外径的气管往快速接头上一插就可以将管连接好了，使用时十分方便。图 2-49 所示是安装了带快速接头的限出型气缸节流阀的气缸外观。

图 2-50 (a) 是一个双动气缸装有两个限出型气缸节流阀的连接和调节原理示意图，调节节流阀 B 时，是调整气缸的伸出速度；而调节节流阀 A 时，是调整气缸的缩回速度。

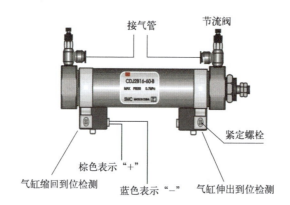

图 2-49 安装了带快速接头的限出型气缸节流阀的气缸外观

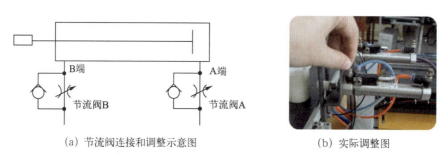

(a) 节流阀连接和调整示意图　　(b) 实际调整图

图 2-50 节流阀连接和调整

(3) 方向控制阀

方向控制阀是用来改变气流流动方向或通断的控制阀，通常使用的是电磁阀。

电磁阀是利用其电磁线圈通电时，静铁芯对动铁芯产生电磁吸力使阀芯切换，达到改变气流方向的目的。图 2-51 是单电控二位三通电磁换向阀的工作原理示意图。

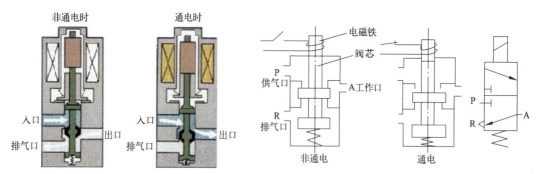

图 2-51 单电控二位三通电磁换向阀的工作原理示意图

所谓"位"指的是为了改变气体方向，阀芯相对于阀体所具有的不同的工作位置。"通"则指换向阀与系统相连的通口，有几个通口即为几通。在图 2-51 中，只有两个工作位置，且具有供气口 P、工作口 A 和排气口 R，故为二位三通阀。

图 2-52 给出了二位三通、二位四通和二位五通单向电控电磁阀的图形符号，图形中有几个方格就是几位，方格中的"⊤"和"⊥"符号表示各接口互不相通。

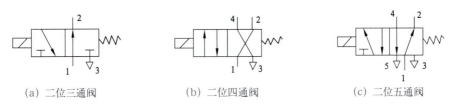

(a) 二位三通阀　　　　(b) 二位四通阀　　　　(c) 二位五通阀

图 2-52　部分单向电控电磁阀的图形符号

YL-335B 所有工作单元的执行气缸都是双作用气缸，因此控制它们工作的电磁阀需要有两个工作口、两个排气口及一个供气口，故使用的电磁阀均为二位五通电磁阀。

在 YL-335B 中采用电磁阀组连接形式，就是将多个阀与消声器、汇流板等集中在一起构成的一组控制阀的集成，而每个阀的功能是彼此独立的。

以供料单元为例，供料单元用了两个二位五通单向电控电磁阀。这两个电磁阀带有手动换向和加锁钮，有锁定（LOCK）和开启（PUSH）两个位置。用小螺丝刀把加锁钮旋到 LOCK 位置时，手控开关向下凹进去，不能进行手控操作。只有在 PUSH 位置时，才可用工具向下按，信号为"1"，等同于该侧的电磁信号为"1"；常态时，手控开关的信号为"0"。在进行设备调试时，可以使用手控开关对阀进行控制，从而实现对相应气路的控制，改变推料气缸等执行机构的控制，达到调试的目的。

两个电磁阀是集中安装在汇流板上的。汇流板中两个排气口末端均连接了消声器，消声器的作用是减少压缩空气向大气排放时的噪声。这种将多个阀与消声器、汇流板等集中在一起构成的一组控制阀的集成称为阀组，而每个阀的功能是彼此独立的。电磁阀组的结构如图 2-53 所示。

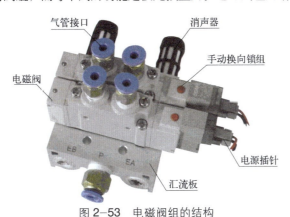

图 2-53　电磁阀组的结构

在输送单元中气动手爪的双作用气缸由一个二位五通双向电控电磁阀控制，带状态保持功能，用于各个工作单元抓物搬运。双向电控电磁阀工作原理类似双稳态触发器，即输出状态由输入状态决定，如果输出状态确认了即使无输入状态，双向电控电磁阀一样保持被触发前的状态。双向电控电磁阀如图 2-54 所示。

双向电控电磁阀与单向电控电磁阀的区别在于，对于单向电控电磁阀，在无电控信号时，阀芯在弹簧力的作用下会被复位；而对于双向电控电磁阀，在两端都无电控信号时，阀芯的位置是取决于前一个电控信号的。

双杆气缸是双作用气缸由一个二位五通单向电控电磁阀控制的，用于控制手爪伸出缩回。

回转气缸是双作用气缸由一个二位五通单向电控电磁阀控制的，用于控制手臂正反向90°旋转，气缸旋转角度可以在0°～180°范围内任意调节，调节通过节流阀下方两颗固定缓冲器进行调整。

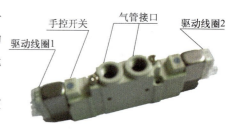

图2-54 双向电控电磁阀示意图

 说明：双向电控电磁阀的两个电控信号不能同时为"1"，即在控制过程中不允许两个线圈同时通电；否则，可能会造成电磁线圈烧毁，当然，在这种情况下阀芯的位置是不确定的。

提升气缸是双作用气缸，由一个二位五通单向电控电磁阀控制的，用于整个机械手的提升与下降。以上气缸运行速度由进气口节流阀调整进气量，进行速度调节。

 现有一电磁阀损坏了，需要更换一个电磁阀，做一做，看看电磁阀如何安装？

① 切断气源，用螺丝刀拆卸下已经损坏的电磁阀，如图2-55所示。

② 用螺丝刀将新的电磁阀装上，如图2-56所示。

图2-55 已拆卸电磁阀的汇流板　　图2-56 安装新的电磁阀

③ 将电气控制接头插入电磁阀上，如图2-57所示。

④ 将气路管插入电磁阀上的快速接头，如图2-58所示。

图2-57 连接电磁阀电路　　图2-58 连接气路

⑤ 接通气源，用手控开关进行调试，检查气缸动作情况。

知识、技能归纳

 说明：气动技术相对于机械传动、电气传动及液压传动而言有许多突出的优点。对于传动形式而言，气缸作为线性驱动器可在空间的任意位置组建它所需的运动轨迹，安装维护方便。工作介质取之不尽，用之不竭，不污染环境，成本低，压力等级低，使用安全，具有防火、防爆、耐潮的特点。

工程素质培养

查阅专业气动手册，思考一下如何选择气动元件。了解当前国内外的主要气动元件生产厂家及当前气动技术的发展情况、应用领域与行业，试写一篇综述。

 **任务五　可编程控制器在自动化生产线中的使用**

任务目标

1. 掌握可编程控制器的工作原理、外部接口特性、输入/输出端口的选择原则、常用指令；
2. 能分析控制系统的工艺要求，确定数字量、模拟量的输入/输出点数；
3. 能应用常用指令编写控制系统的程序。

在YL-335B型自动化生产线中，每一个单元都安装有一个西门子S7-1200系列的可编程控制器来控制，就像我们的大脑一样，思考每一个动作、每一招、每一式，指挥自动化生产线上的机械手、气爪按程序动作，是自动化生产线的核心部件。那什么是PLC？

 说明：PLC是一种专为工业环境下应用设计的控制器，是一种数字运算操作的电子系统。PLC是在电气控制技术和计算机技术的基础上开发出来的，并逐渐发展成为以微处理器为核心，将自动化技术、计算机技术、通信技术融为一体的新型工业控制装置。

子任务一 PLC的位置控制

1．PTO的认知与编程

CPU 提供四个脉冲输出发生器。每个脉冲输出发生器提供一个脉冲输出和一个方向输出，用于通过脉冲接口对步进电动机驱动器或伺服电动机驱动器进行控制。脉冲输出为驱动器提供电动机运动所需的脉冲。方向输出则用于控制驱动器的行进方向。PTO 输出生成频率可变的方波。脉冲发生通过 H/W 组态或 SFC/SFB 提供的组态和执行信息来控制。

2．使用运动控制工艺对象

下面给出一个简单工作任务例子，阐述使用工艺对象编程的方法和步骤。使用工艺对象编程的步骤如下：

① 单击"插入新对象"选项，选择"运动控制"，将名称改为"机械手运动控制工艺配置"，如图 2-59 所示。

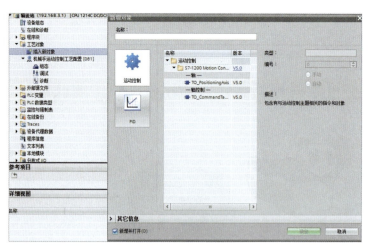

图 2-59 插入新对象

② 测量单位选择 mm，如图 2-60 所示。

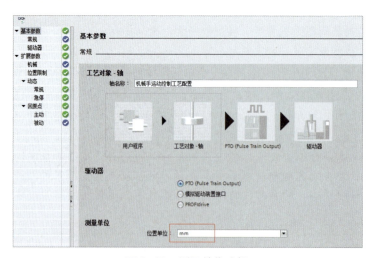

图 2-60 测量单位选择

③ 选择硬件接口，如图 2-61 所示。

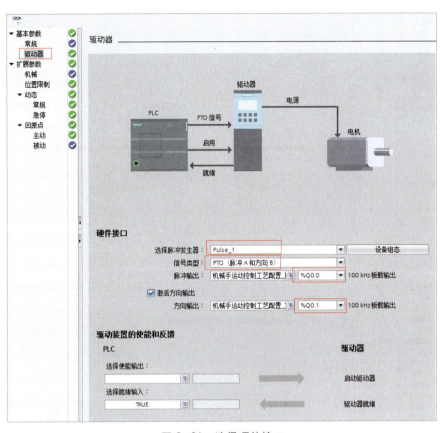

图 2-61　选择硬件接口

④ 扩展参数中机械设置，如图 2-62 所示。

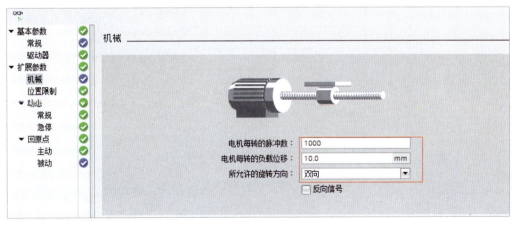

图 2-62　机械设置

⑤ 设置硬件限位开关，如图 2-63 所示。

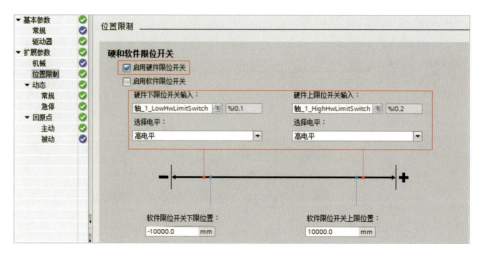

图 2-63　设置硬件限位开关

⑥ 动态，常规选项设置，如图 2-64 所示。

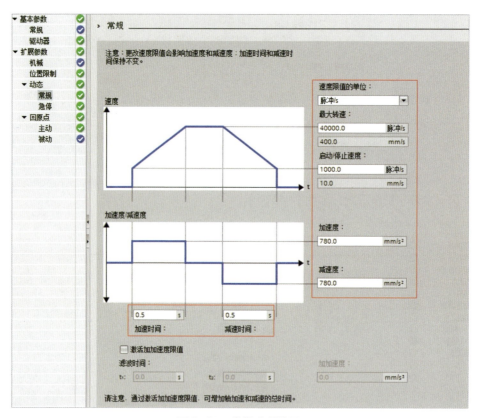

图 2-64　常规选项设置

⑦ 动态，急停选项设置，如图 2-65 所示。

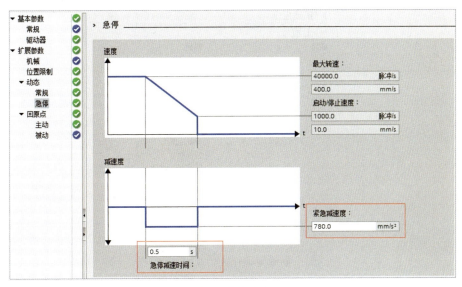

图 2-65 急停选项设置

⑧ 主动回原点设置,如图 2-66 所示。

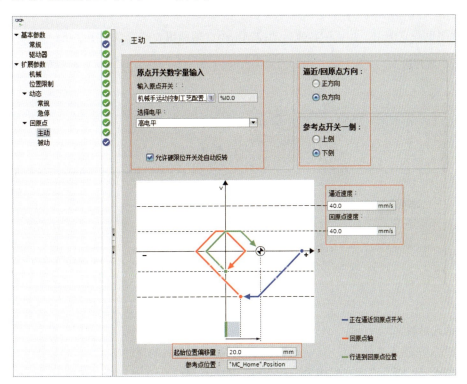

图 2-66 主动回原点设置

3. 运动控制指令介绍

运动控制的子程序可以在程序中调用,如图 2-67 所示。

图 2-67 运动控制指令

它们的功能分述如下：

（1）MC_Power 子程序

在程序里一直调用，并且在其他运动控制指令之前调用并使能，如图 2-68 所示。

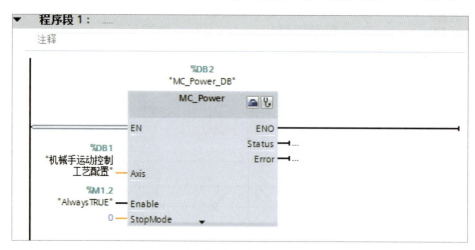

图 2-68 MC_Power 指令

① 输入参数：

a. EN：该输入端是 MC_Power 指令的使能端，不是轴的使能端。

MC_Power 指令必须在程序里一直调用，并保证 MC_Power 指令在其他 Motion Control 指令的前面调用。

b. Axis：轴名称。

可以有几种方式输入轴名称：

• 用鼠标直接从 Portal 软件左侧项目树中拖动轴的工艺对象，如图 2-69 所示。

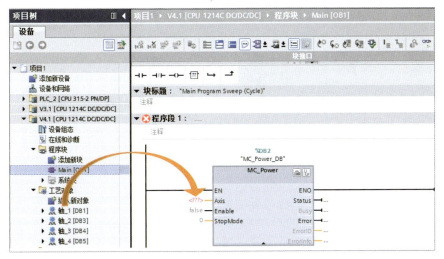

图 2-69 添加运动控制指令

- 用键盘输入字符，则 Portal 软件会自动显示出可以添加的轴对象，如图 2-70 所示。

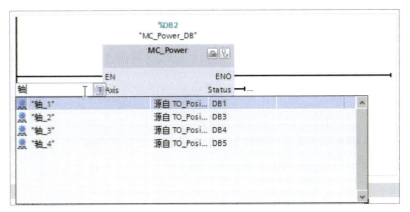

图 2-70 选定轴

- 用复制的方式把轴的名称复制到指令上，如图 2-71 所示。

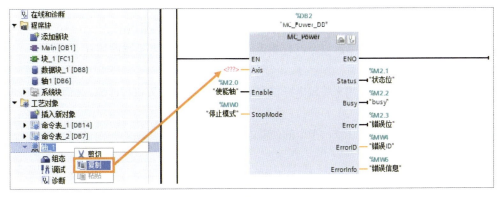

图 2-71 添加轴的名称 1

- 还可以双击"Aixs"，系统会出现右边带可选按钮的白色长条框，这时单击"选择"按钮，就会出现图 2-72 所示的列表。

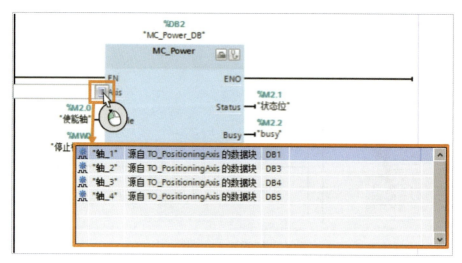

图 2-72 添加轴的名称 2

c. Enable：轴使能端。

Enable=0：根据StopMode设置的模式来停止当前轴的运行。

Enable=1：如果组态了轴的驱动信号，则Enable=1时将接通驱动器的电源。

d. StopMode：轴停止模式。

StopMode=0：紧急停止，按照轴工艺对象参数中的"急停"速度或时间来停止轴。

StopMode=1：立即停止，PLC立即停止发脉冲。

StopMode=2：带有加速度变化率控制的紧急停止。如果用户组态了加速度变化率，则轴在减速时会把加速度变化率考虑在内，减速曲线变得平滑。

② 输出参数：

a. ENO：使能输出。

b. Status：轴的使能状态。

c. Busy：标记MC_Power指令是否处于活动状态。

d. Error：标记MC_Power指令是否产生错误。

e. ErrorID：当MC_Power指令产生错误时，用ErrorID表示错误号。

f. ErrorInfo：当MC_Power指令产生错误时，用ErrorInfo表示错误信息。

(2) MC_Home 子程序

使轴归位，设置参考点，用来将轴坐标与实际的物理驱动器位置进行匹配，如图2-73所示。

① 输入参数：

a. EN：该输入端是MC_Reset指令的使能端。

b. Axis：轴名称。

c. Execute：MC_Reset指令的启动位，用上升沿触发。

d. Position：位置值。

- Mode = 1时：对当前轴位置的修正值。

- Mode = 0,2,3时：轴的绝对位置值。

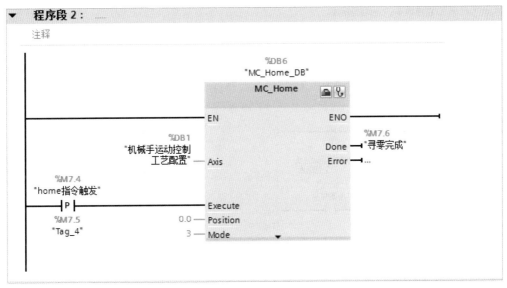

图 2-73 MC_Home 指令

　　e. Mode：回原点模式值。
　　　• Mode=0：绝对式直接回零点，轴的位置值为参数"Position"的值。
　　　• Mode=1：相对式直接回零点，轴的位置值等于当前轴位置+参数"Position"的值。
　　　• Mode=2：被动回零点，轴的位置值为参数"Position"的值。
　　　• Mode=3：主动回零点，轴的位置值为参数"Position"的值。
　② 输出参数：
　a. ENO：使能输出。
　b. Done：标记任务是否完成上升沿有效。
　c. Busy：标记指令是否处于活动状态。
　d. Error：标记指令是否产生错误。
　e. ErrorID：用ErrorID表示错误号。
　f. ErrorInfo：用ErrorInfo表示错误信息。
　(3) MC_MoveAbsolute 指令
　　使轴以某一速度进行绝对位置定位，在使能绝对位置指令之前，轴必须回原点。因此MC_MoveAbsolute指令之前必须有MC_Home指令，如图2-74所示。
　① 输入参数：
　a. EN：指令的使能端。
　b. Axis：轴名称。
　c. Execute：指令的启动位，用上升沿触发。
　d. Position：绝对目标位置值。
　e. Velocity：绝对运动的速度。

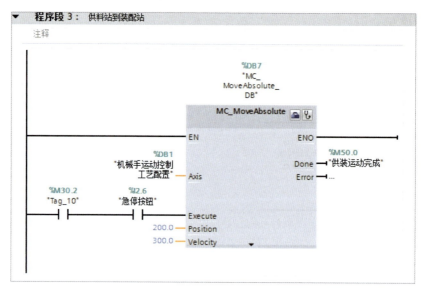

图 2-74 MC_MoveAbsolute 指令

② 输出参数：

a. ENO：使能输出。

b. Done：标记任务是否完成上升沿有效。

c. Busy：标记指令是否处于活动状态。

d. Error：标记指令是否产生错误。

e. ErrorID：用ErrorID表示错误号。

f. ErrorInfo：用ErrorInfo表示错误信息。

(4) MC_ReadParam 指令

可在用户程序中读取轴工艺对象和命令表对象中的变量，如图 2-75 所示。

图 2-75 MC_ReadParam 指令

① 输入参数：

a. EN：指令的使能端。

b. Enable：读取参数使能。

c. Parameter：需要读取的参数。

d. Value：读取参数保存的位置。

② 输出参数：

a. ENO：使能输出。

b. Done：标记任务是否完成上升沿有效。

c. Busy：标记指令是否处于活动状态。

d. Error：标记指令是否产生错误。

e. ErrorID：用ErrorID表示错误号。

f. ErrorInfo：用ErrorInfo表示错误信息。

(5) MC_Halt 指令

停止所有运动并以组态的减速度停止轴，如图 2-76 所示。

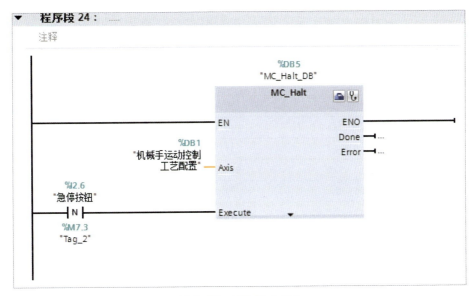

图 2-76 MC_Halt 指令

① 输入参数：

a. EN：该输入端是MC_Reset指令的使能端。

b. Axis：轴名称。

c. Execute：MC_Reset指令的启动位，用上升沿触发。

② 输出参数：

a. ENO：使能输出。

b. Done：标记任务是否完成上升沿有效。

c. Busy：标记指令是否处于活动状态。

d. Error：标记指令是否产生错误。

e. ErrorID：用ErrorID表示错误号。

f. ErrorInfo：用ErrorInfo表示错误信息。

子任务二　PLC的高速计数器

1．S7-1200高速计数器概述

S7-1200 V4.0 CPU 提供了最多 6 个高速计数器，其独立于 CPU 的扫描周期进行计数。1217C 可测量的脉冲频率最高为 1 MHz，其他型号的 S7-1200 V4.0 CPU 可测量到的单相脉冲频率最高为 100 kHz，A/B 相最高为 80 kHz。如果使用信号板还可以测量单相脉冲频率高达 200 kHz 的信号，A/B 相最高为 160 kHz。S7-1200 V4.0 CPU 和信号板具有可组态的硬件输入地址，因此可测量到的高速计数器频率与高速计数器号无关，而与所使用的 CPU 和信号板的硬件输入地址有关。

CPU 集成点输入的最大频率如表 2-6 所示，信号板输入的最大频率如表 2-7 所示。

表 2-6　CPU 集成点输入的最大频率

CPU	CPU输入通道	1 或 2 相位模式	A/B 相正交相位模式
1211C	Ia.0 ~ Ia.5	100 kHz	80 kHz
1212C	Ia.0 ~ Ia.5	100 kHz	80 kHz
	Ia.6 ~ Ia.7	30 kHz	20 kHz
1214C	Ia.0 ~ Ia.5	100 kHz	80 kHz
	Ia.6 ~ Ib.5	30 kHz	20 kHz
1215C	Ia.0 ~ Ia.5	100 kHz	80 kHz
	Ia.6 ~ Ib.5	30 kHz	20 kHz
1217C	Ia.0 ~ Ia.5	100 kHz	80 kHz
	Ia.6 ~ Ib.1	30 kHz	20 kHz
	Ib.2 ~ Ib.5 (.2+，.2- 到 .5+，.5-)	1 MHz	1 MHz

表 2-7　信号板输入的最大频率

SB 信号板	SB 输入通道	1 或 2 相位模式	A/B 相正交相位模式
SB1221 200K	Ie.0 ~ Ie.3	200 kHz	160 kHz
SB1223 200K	Ie.0 ~ Ie.1	200 kHz	160 kHz
SB1223	Ie.0 ~ Ie.1	30 kHz	20 kHz

S7-1200 V4.0 CPU高速计数器定义了4种工作模式：
① 单相计数器，外部方向控制。
② 单相计数器，内部方向控制。
③ 双相增/减计数器，双脉冲输入。
④ A/B 相正交脉冲输入。

每种高速计数器有两种工作状态：
① 外部复位，无启动输入。
② 内部复位，无启动输入。

高速计数器寻址：CPU将每个高速计数器的测量值，存储在输入过程映像区内，数据类型为32位双整型有符号数，用户可以在设备组态中修改这些存储地址，在程序中可直接访问这些地址，但由于过程映像区受扫描周期影响，读取到的值并不是当前时刻的实际值，在一个扫描周期内，此数值不会发生变化，但计数器中的实际值有可能会在一个周期内变化，用户无法读到此变化。用户可通过读取外设地址的方式，读取到当前时刻的实际值。以ID1000为例，其外设地址为"ID1000：P"。表2-8所示为高速计数器寻址列表。

表2-8 高速计数器寻址列表

高速计数器号	数据类型	默认地址
HSC1	DINT	ID1000
HSC2	DINT	ID1004
HSC3	DINT	ID1008
HSC4	DINT	ID1012
HSC5	DINT	ID1016
HSC6	DINT	ID1020

高速计数器指令块，需要使用指定背景数据块用于存储参数，如图2-77所示。

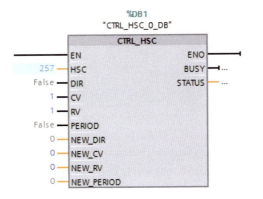

图2-77 高速计数器指令块

高速计数器参数说明如表2-9所示。

表2-9 高速计数器参数说明

HSC (HW_HSC)	高速计数器硬件识别号
DIR (BOOL) TRUE	使能新方向
CV (BOOL) TRUE	使能新起始值
RV (BOOL) TRUE	使能新参考值
PERIODE (BOOL) TRUE	使能新频率测量周期
NEW_DIR(INT)	方向选择，1:= 正向 ;-1:= 反向
NEW_CV(DINT)	新起始值
NEW_RV(DINT)	新参考值
NEW_PERIODE(INT)	新频率测量周期

2. 高速计数器编程

① 数字量输入滤波器更改，如图 2-78 所示。

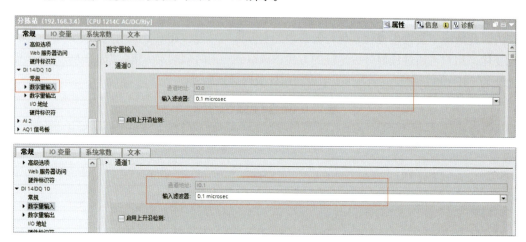

图 2-78 数字量输入滤波器更改

② 高速计数器 HSC1 启用，如图 2-79 所示。

图 2-79 高速计数器 HSC1 启用

③ 功能设置，如图 2-80 所示。

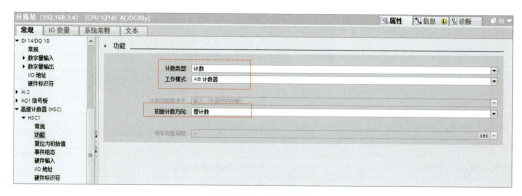

图 2-80 功能设置

④ 复位为初始值设置，如图 2-81 所示。

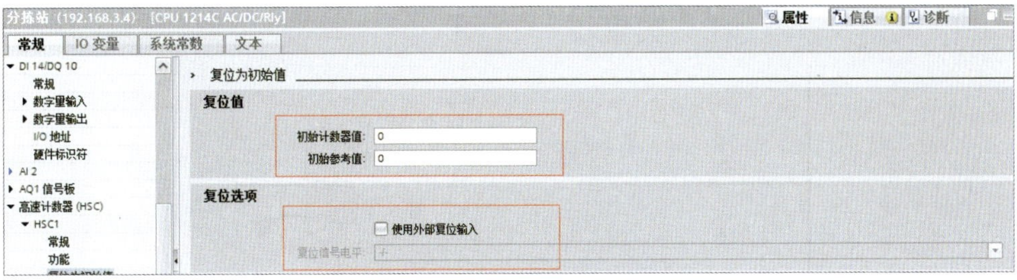

图 2-81 复位为初始值设置

⑤ 硬件输入设置，如图 2-82 所示。

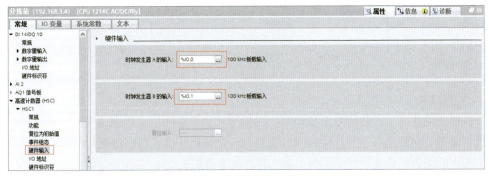

图 2-82 硬件输入设置

⑥ I/O 地址设置，如图 2-83 所示。

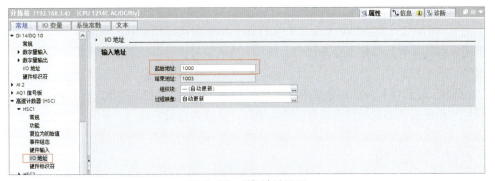

图 2-83 I/O 地址设置

⑦ 硬件标识符设置（硬件标识符为 257，应将指令输入的 HSC 值从 1 改为 257），如图 2-84 所示。

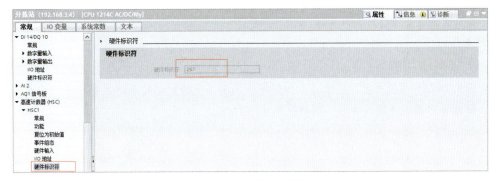

图 2-84 硬件标识符设置

⑧ 指令块参数更改，如图 2-85 所示。

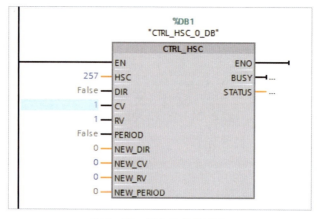

图 2-85 指令块参数更改

3．程序结构

分拣单元的主要工作过程是分拣控制，可编写一个子程序供主程序调用，工作状态显示的要求比较简单，可直接在主程序中编写，也可写一个子程序供主程序调用。

主程序的流程与前面所述的供料、加工等单元是类似的。

分拣控制子程序也是一个步进顺控程序，编程思路如下：

① 当检测到待分拣工件下料到进料口后，调用 CTRL_HSC，以固定频率启动变频器驱动电动机运转。

② 当工件经过安装传感器支架上的光纤探头和电感式传感器时，根据两个传感器动作与否，判断工件的属性，决定程序的流向。HSC1 当前值与传感器位置值的比较可采用触点比较指令实现。

③ 根据工件属性和分拣任务要求，在相应的推料气缸位置把工件推出。推料气缸返回后，步进顺控子程序返回初始步。这部分程序的编制，请读者自行完成。

 知识、技能归纳

说明：PLC 的应用无处不在，由于篇幅有限，仅仅围绕 YL-335B 做了两个案例，硬件重点要掌握 PLC 的输入/输出接口特性、程序编写调试方法。PLC 的指令非常丰富，这里介绍了用运动控制指令输出脉冲控制伺服（步进）电动机驱动器，以及高速计数器的使用及实现对位移的测量。

 工程素质培养

查阅 S7-1200 系统手册，思考一下如何编写伺服（步进）电动机的控制程序、转速的测量程序，整理程序调试步骤与要点，写好技术文档。

任务六　通信技术在自动化生产线中的使用

任务目标

1. 掌握PLC的PPI通信接口协议及网络编程指令；
2. 能进行PPI通信网络的安装、编程与调试。

现代的自动化生产线中，不同的工作单元控制设备并非是独立运行的，就像YL-335B中的五个工作站是通过通信手段，相互之间进行交换信息，形成一个整体，从而提高了设备的控制能力、可靠性，实现了"集中处理、分散控制"。

作为自动控制设备的重要一员，PLC也为用户提供了强大的通信能力，通过PLC的通信接口，用户能够使PLC和PLC交换数据。本任务就是学习如何使用PLC的PROFINET通信技术。

子任务　认知PROFINET通信

1. 通信基本知识

通信技术的作用就是实现不同的设备之间进行交换数据。PROFINET由PROFIBUS国际组织（PROFIBUS International，PI）推出，是基于工业以太网技术的自动化总线标准。作为一项战略性的技术创新，PROFINET为自动化通信领域提供了一个完整的网络解决方案，囊括了诸如实时以太网、运动控制、分布式自动化、故障安全以及网络安全等当前自动化领域的热点话题，作为跨供应商的技术，可以完全兼容工业以太网和现有的现场总线（如PROFIBUS）技术，保护现有投资。

PROFINET是适用于不同需求的完整解决方案，其功能包括8个主要模块，依次为实时通信、分布式现场设备、运动控制、分布式自动化、网络安装、IT标准和信息安全、故障安全和过程自动化。

2. 实现PROFINET通信的步骤

下面以YL-335B各工作站PLC实现PROFINET通信的操作步骤为例，说明使用PROFINET协议实现通信的步骤。

(1) 供料站 PLC 设置

① 设置其 IP 地址，如图 2-86 所示。

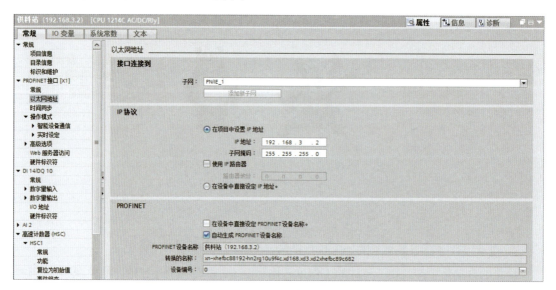

图 2-86　供料站 IP 地址设置

② 设置操作模式、传输区，如图 2-87 所示。

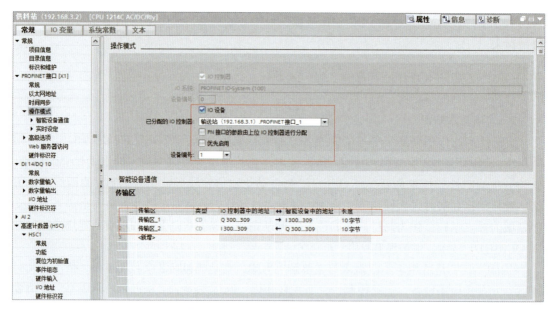

图 2-87　供料站操作模式、传输区设置

(2) 加工站 PLC 设置

① 设置其 IP 地址，如图 2-88 所示。

图 2-88 加工站 IP 地址设置

② 设置操作模式、传输区，如图 2-89 所示。

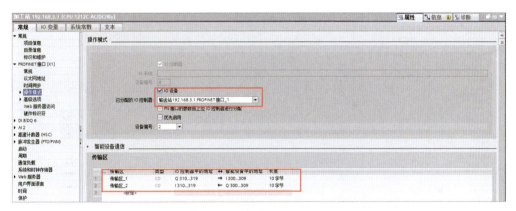

图 2-89 加工站操作模式、传输区设置

(3) 装配站 PLC 设置

① 设置其 IP 地址，如图 2-90 所示。

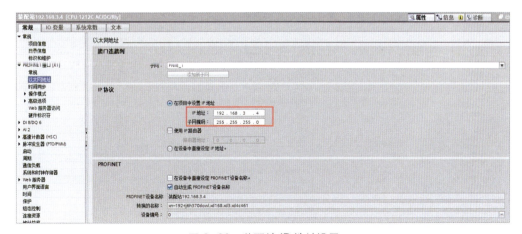

图 2-90 装配站 IP 地址设置

② 设置操作模式、传输区，如图 2-91 所示。

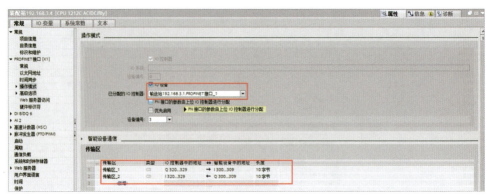

图 2-91　装配站操作模式、传输区设置

(4) 分拣站 PLC 设置

① 设置其 IP 地址，如图 2-92 所示。

图 2-92　分拣站 IP 地址设置

② 设置操作模式、传输区，如图 2-93 所示。

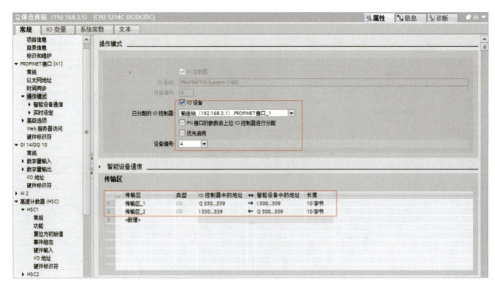

图 2-93　分拣站操作模式、传输区设置

(5) 输送站 PLC 设置

设置其 IP 地址，如图 2-94 所示。

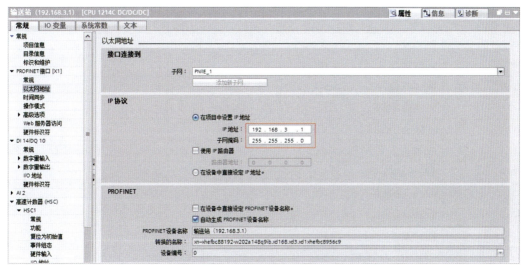

图 2-94　输送站 IP 地址设置

3．通信数据区规划

① 通信数据区规划表，如表 2-10 所示。

表 2-10　通信数据区规划表

	输 送 站 1# 站（主站）	供 料 站 2# 站（从站）	加 工 站 3# 站（从站）	装 配 站 4# 站（从站）	分 拣 站 5# 站（从站）
发送数据的长度		10 字节	10 字节	10 字节	10 字节
从主站何处发送		Q300	Q310	Q320	Q330
发往从站何处		I300	I300	I300	I300
接收数据的长度		10 字节	10 字节	10 字节	10 字节
数据来自从站何处		Q300	Q300	Q300	Q300
数据存到主站何处		I300	I310	I320	I330

② 输送站（I/O 控制器）接收、智能设备站发送的通信数据定义表，如表 2-11 所示。

表 2-11　输送站（I/O 控制器）接收、智能设备站发送的通信数据定义表

主站接收 数据区 地　址	数据含义	供料站 发送区（2） 地　址	加工站 发送区（3） 地　址	装配站 发送区（4） 地　址	分拣站 发送区（5） 地　址
I300.0	供料站全线模式	Q300.0	x	x	x
I300.1	供料站准备就绪	Q300.1	x	x	x
I300.2	供料站运行状态	Q300.2	x	x	x
I300.3	工件不足	Q300.3	x	x	x
I300.4	工件没有	Q300.4	x	x	x

续表

主站接收数据区 地址	数据含义	供料站发送区(2) 地址	加工站发送区(3) 地址	装配站发送区(4) 地址	分拣站发送区(5) 地址
I300.5	供料完成	Q300.5	x	x	x
I300.6	金属工件	Q300.6	x	x	x
I310.0	加工站全线模式	x	Q300.0	x	x
I310.1	加工站准备就绪	x	Q300.1	x	x
I310.2	加工站运行状态	x	Q300.2	x	x
I310.3	加工完成	x	Q300.3	x	x
I320.0	装配站全线模式	x	x	Q300.0	x
I320.1	装配站准备就绪	x	x	Q300.1	x
I320.2	装配站运行状态	x	x	Q300.2	x
I320.3	芯件不足	x	x	Q300.3	x
I320.4	芯件没有	x	x	Q300.4	x
I320.5	装配完成	x	x	Q300.5	x
I320.6	装配台无工件	x	x	Q300.6	x
I330.0	分拣站全线模式	x	x	x	Q300.0
I330.1	分拣站准备就绪	x	x	x	Q300.1
I330.2	分拣站运行状态	x	x	x	Q300.2
I330.3	分拣站允许进料	x	x	x	Q300.3
I330.4	分拣完成	x	x	x	Q300.4

③ 输送站（I/O 控制器）发送、智能设备站接收的通信数据定义表，如表 2-12 所示。

表 2-12 输送站（I/O 控制器）发送、智能设备站接收的通信数据定义表

主站发送数据区 地址	数据含义	供料站接收区(2) 地址	加工站接收区(3) 地址	装配站接收区(4) 地址	分拣站接收区(5) 地址
Q300.0	全线运行	I300.0	x	x	x
Q300.1	全线停止	I300.1	x	x	x
Q300.2	全线复位	I300.2	x	x	x
Q300.3	全线急停	I300.3	x	x	x
Q300.4	请求供料	I300.4	x	x	x
Q300.5	HMI 联机	I300.5	x	x	x
Q310.0	全线运行	x	I300.0	x	x
Q310.1	全线停止	x	I300.1	x	x

续表

主站发送数据区地址	数据含义	供料站接收区(2)地址	加工站接收区(3)地址	装配站接收区(4)地址	分拣站接收区(5)地址
Q310.2	全线复位	x	I300.2	x	x
Q310.3	全线急停	x	I300.3	x	x
Q310.4	请求加工	x	I300.4	x	x
Q310.5	HMI 联机	x	I300.5	x	x
Q320.0	全线运行	x	x	I300.0	x
Q320.1	全线停止	x	x	I300.1	x
Q320.2	全线复位	x	x	I300.2	x
Q320.3	全线急停	x	x	I300.3	x
Q320.4	请求装配	x	x	I300.4	x
Q320.5	HMI 联机	x	x	I300.5	x
Q320.6	系统复位中	x	x	I300.6	x
Q320.7	系统就绪	x	x	I300.7	x
Q321.0	供料站物料不足	x	x	I301.0	x
Q321.2	供料站物料没有	x	x	I301.1	x
Q330.0	全线运行	x	x	x	I300.0
Q330.1	全线停止	x	x	x	I300.1
Q330.2	全线复位	x	x	x	I300.2
Q330.3	全线急停	x	x	x	I300.3
Q330.4	请求分拣	x	x	x	I300.4
Q330.5	HMI 联机	x	x	x	I300.5
QW331	变频器写入频率	x	x	x	IW301

知识、技能归纳

利用 PROFINET 基于工业以太网技术的自动化总线标准，实现 YL-335B 型自动化生产线五个工作站联调。

工程素质培养

查阅 S7-1200 系统手册，思考现场总线技术在自动化生产线中的应用。

任务七　人机界面及组态技术在自动化生产线中的使用

任务目标

1. 掌握人机界面的概念及特点、人机界面的组态方法；
2. 能编写人机交互的组态程序，并进行安装、调试。

PLC 具有很强的功能，能够完成各种控制任务。但是同时也注意到这样一个问题：PLC 无法显示数据，没有漂亮的界面。不能像计算机控制系统一样，能够以图形方式显示数据，操作设备简单方便。

借助智能终端设备，即人机界面（human-machine interface, HMI）设备提供的组态软件，能够很方便地设计出用户所要求的界面，也可以直接在人机界面设备上操作设备。

人机界面设备提供了人机交互的方式，就像一个窗口，是操作人员与 PLC 之间进行对话的接口设备。人机界面设备以图形形式，显示所连接 PLC 的状态、当前过程数据及故障信息。用户可使用 HMI 设备方便地操作和观测正在监控的设备或系统。工业触摸屏（见图 2-95）已经成为现代工业控制系统中不可缺少的人机界面设备之一。

图 2-95　工业触摸屏

YL-335B 采用了西门子研发的人机界面 TP 700 Comfort。

在 YL-335B 型自动化生产线中，通过触摸屏这个窗口，我们可以观察、掌握和控制自动化生产线以及 PLC 的工作状况，如图 2-96 所示。

图 2-96　输送单元抽屉

子任务一　认知人机界面TP 700 Comfort和MCGS嵌入版工控组态软件

SIMATIC HMI TP 700 Comfort 是 SIEMENS 的精智面板，触摸式操作，7英寸（1英寸=2.54 cm）宽屏TFT显示屏，1 600 万色，PROFINET 接口，MPI/PROFIBUS-DP 接口，12 MB 项目组态存储器，操作系统为 Windows CE 6.0，项目组态的最低版本为 WinCC Comfort 11 版。

1. TP700 Comfort的介绍

图 2-97 所示为 TP 700 Comfort 的正视和背视图。

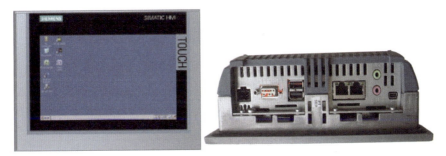

图 2-97　TP700 Comfort 的正视和背视图

图 2-98 所示为 TP 700 Comfort 接口图。

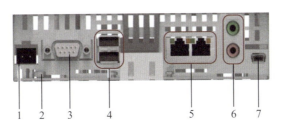

图 2-98　TP700 Comfort 接口图

1—X80 电源接口；2—电位均衡接口（接地）；3—X2 PROFIBUS(Sub-D RS-422/485)；4—X61/X62 USB A 型；5—X1 PROFINET(LAN),10/100 Mbit；6—X90 音频输入／输出线；7—X60 USB 迷你 B 型

（1）电源接口

电源接口如图 2-99 所示。

插头连接器，2针

引脚编号	分配
1	DC +24 V(L+)
2	GND 24 V(M)

图 2-99　电源接口

（2）PRDFIBUS 接口

PRDFIBUS 接口如图 2-100 所示。

HMI设备上的接口名称：X2
Sub-D插座，9针，以螺钉固定

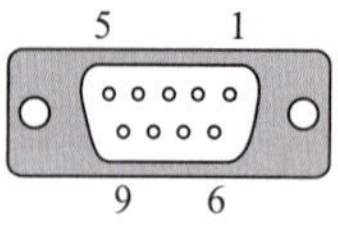

针脚	RS-422的分配	RS-485的分配
1	n.c.	n.c.
2	GND 24 V	GND 24 V
3	TxD+	数据通道B(+)
4	RxD+	RTS
5	GND 5 V，浮地	GND 5 V，浮地
6	DC +5 V，浮地	DC +5 V，浮地
7	DC +24 V，输出(最大100 mA)	DC +24 V，输出(最大100 mA)
8	TxD-	数据通道A(-)
9	RxD-	NC

图 2-100　PRDFIBUS 接口

(3) PROFINET 接口

PROFINET 接口如图 2-101 所示。

操作设备上的接口名称：PROFINET(LAN)×1
RJ-45插拔连接器

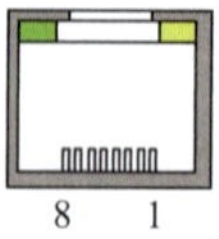

针脚	占用
1	Tx+
2	Tx-
3	Rx+
4	n.c.
5	n.c.
6	Rx-
7	n.c.
8	n.c.

图 2-101　PROFINET 接口

(4) USB 接口

USB 接口如图 2-102 所示。

A型USB插座

操作设备上的接口名称：X61/X62

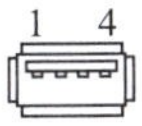

针脚	占用
1	DC +5 V，输出，最大500 mA
2	USB-DN
3	USB-DP
4	GND

Comfort V1/V1.1设备的迷你B型USB插座

操作设备上的接口名称：X60

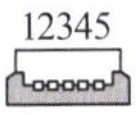

针脚	占用
1	—
2	USB-DN
3	USB-DP
4	—
5	GND

图2-102　USB接口

2．认知WinCC Professional（TIA Portal）软件

博途 WinCC V11 可以组态当前几乎所有的面板，包括最新发布的精智面板（Comfort Panels），但不包括 Micro 系列面板。注意：15 英寸、19 英寸、22 英寸 Comfort Panels 需要 WinCC V11 SP2 Update2 以上版本，并且需要安装硬件支持包(HSP)。

WinCC Professional 与其他相关的硬件设备结合，可以快速、方便地开发各种用于现场采集、数据处理和控制的设备。如可以灵活组态各种智能仪表、数据采集模块、无纸记录仪、无人值守的现场采集站、人机界面等专用设备。

WinCC Professional 软件的主要功能如下：

① 简单灵活的可视化操作界面：采用全中文、可视化的开发界面。

② 实时性强、有良好的并行处理性能。

③ 丰富、生动的多媒体画面：以图像、图符、报表、曲线等多种形式，为操作员及时提供相关信息。

④ 完善的安全机制：提供了良好的安全机制，可以为多个不同级别用户设定不同的操作权限。

⑤ 强大的网络功能：具有强大的网络通信功能。

⑥ 多样化的报警功能：提供多种不同的报警方式，具有丰富的报警类型，方便用户进行报警设置。

子任务二　TP 700 Comfort与PLC的接线与工程组态

1．TP 700 Comfort与PLC的接线

认识了 TP 700 Comfort 后，首先了解与西门子 S7-1200 PLC 的通信方式，接线方式如图 2-103 所示。

（a）TP 700 Comfort　　　　　　（b）网线　　　　　　（c）S7-1200 系列 PLC

图 2-103　TP 700 Comfort 与西门子 S7-1200 系列 PLC 的连接图

在安装了博途软件的计算机桌面上添加如图 2-104 所示的快捷方式图标。

2．TP 700 Comfort 与西门子 S7-1200 PLC 连接的组态

下面简要介绍 TP 700 Comfort 与西门子 S7-1200 PLC 连接的组态过程，大家开始实际动手操作一下吧！

图 2-104　博途软件快捷方式图标

（1）工程建立

双击 Windows 操作系统的桌面上的组态环境快捷方式，可打开博途软件，然后添加设备，根据硬件型号选择要组态的 HMI 型号，如图 2-105 所示。

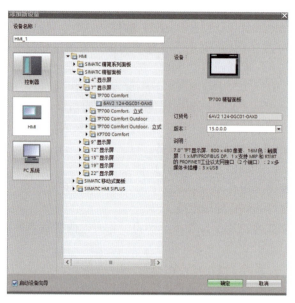

图 2-105　选择人机界面的类型

可以对设备名称进行更改，单击"确定"按钮，工程创建完毕。

（2）工程组态

下面通过编写实例程序，验证触摸屏 TP 700 Comfort 与西门子 S7-1200 通信连接的正确性。简单的操作步骤见第三篇。

知识、技能归纳

说明：随着触摸屏在工业中的广泛应用，人机界面及组态技术实现了人机可视化交互。人机界面产品由硬件和软件两部分组成，硬件部分包括处理器、显示单元、输入单元、通信接口、数据存储单元等，其中处理器的性能决定了HMI产品的性能高低，是HMI的核心单元。基于触摸屏的人机界面实际上是由触摸屏、触摸屏控制器、微控制器及其相应软件构成的。HMI软件一般分为两部分，即运行于HMI硬件中的系统软件和运行于PC中Windows操作系统下的画面组态软件，组态软件编程简单，维护方便。人机界面系统能实现生产设备工作状态显示，如指示灯、按钮、文字、图形、曲线等；数据、文字输入操作，打印输出；生产配方存储，设备生产实时、历史数据记录；简单的逻辑和数值运算；而且可连接多种工业控制设备组网。

 工程素质培养

查阅TP 700人机系统手册，编写组态程序，设计用户权限管理、生产统计、历史曲线、故障报警记录等功能界面。

拓展训练——设计YL-335B生产过程监控组态程序

要求满足以下功能：①用户管理；②整条生产线监控，显示状态及动画过程；③单站状态查询；④参数设定；⑤生产统计；⑥故障报警历史记录；⑦职业素养、团队精神，读者可根据表2-13进行评分。

表2-13 考核技能评分参考表

姓名		同组		开始时间			
专业／班级				结束时间			
项目内容	考核要求	配分	评分标准		扣分	自评	互评
① 用户管理	分三级用户：查询、操作、参数修改	15	满足用户密码认证、分级操作功能，一项功能不能实现，扣5分				
② 整条生产线监控，显示状态及动画过程	画面直观清楚，显示数据状态正确	30	人机界面美观10分，状态数据准确10分，动画过程10分				
③ 单站状态查询	画面直观清楚，显示数据状态正确	20	每个单站4分				
④ 参数设定	编写设定变频器的参数、加工工件的数量的画面	10	能实现正确设定参数功能				
⑤ 生产统计	编写统计当前生产线的生产情况的画面	10	能正确统计生产线生产工件信息				
⑥ 故障报警历史记录	编写生产线异常报警记录画面	5	生产线故障异常能报警，并记录				
⑦ 职业素养、团队精神	团队合作，分工明确，技术文档详细	10	查看工作记录，程序设计说明书				
教师点评		成绩： （教师）	总成绩：				

第三篇

项目迎战——自动化生产线各单元安装与调试

扫一扫

课件

大战在即，该如何迎战啊？

不要担心，只要融会贯通所学招式，共五个套路，就能获胜，现在我们开始……

通过在第二篇项目备战中核心技术的学习，我们已经掌握了自动化生产线安装与调试所具备的知识点，现在以 YL-335B 自动化生产线为例进行技能挑战，即进行各分站设备安装和程序设计调试的训练。

YL-335B 型自动化生产线配置了五个站，每个站可以自成体系独立运行，又可以任意组合应用，这体现了 PLC 核心技术在不同工作情境下、不同的应用领域下、不同的应用时效下的应用。每个站都有一种主要技术单元，同时，还有其他技术单元出现。通过 PLC 核心技术在不同工作情境下的反复应用，反映了它在机电控制领域的核心地位，体现了 PLC 核心技术与教学环境一体化课程建设思路，其示意图如图 3-1 所示。

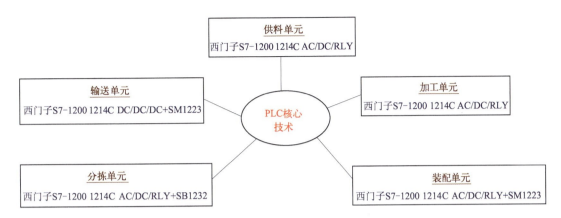

图 3-1　PLC 核心技术与教学环境一体化

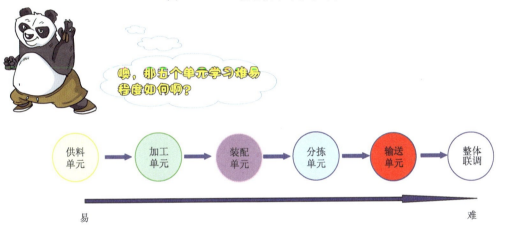

难度在这里哦！

训练模式：

三人一组分工协作，完成自动化生产线中五个单元的安装、调试等工作。为了达到训练目的，现在就从供料单元开始吧！

好，先教你供料单元套路……

噢……，师傅快点教给我吧！

任务一　供料单元的安装与调试

任务目标

1. 能在规定时间完成供料单元的安装和调试；
2. 能根据控制要求进行供料单元控制程序设计和调试；
3. 能解决自动化生产线安装与运行过程中出现的常见问题。

子任务一　初步认识供料单元

供料单元（见图3-2）是自动化生产线中的起始单元，用于向系统中的其他单元提供原料，相当于实际生产线中的自动上料系统。供料单元的主要结构有：工件装料管、工件推出装置、支架、阀组、端子排组件、PLC、急停按钮和启动/停止按钮、走线槽、底板等。

图3-2　供料单元

1. 供料单元功能

供料单元是按照需要，将放置在料仓中待加工的工件（原料）自动推到物料台上，以便使输送单元的机械手将其抓取，并输送到其他单元上。图3-3为供料单元实物图。

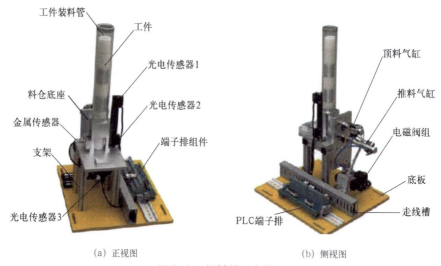

图3-3　供料单元实物图

2. 供料单元的动作过程

工件垂直叠放在料仓中，推料气缸处于料仓的底层并且其活塞杆可从料仓的底部通过。当活塞杆在退回位置时，它与最下层工件处于同一水平位置，而夹紧气缸则与次下层工件处于同一水平位置。在需要将工件推出到物料台上时，首先使夹紧气缸的活塞杆推出，压住次下层工件；然后使推料气缸活塞杆推出，从而把最下层工件推到物料台上。在推料气缸返回并从料仓底部抽出后，再使夹紧气缸返回，松开次下层工件。这样，料仓中的工件在重力的作用下，就自动向下移动一个工件，为下一次推出工件做好准备，供料单元结构示意图如图3-4所示。

在底座和工件装料管第四层工件位置，分别安装了一个漫射式光电开关。它们的功能是检测料仓中有无储料或储料是否足够。

若该部分机构内没有工件，则处于底层和第四层位置的两个漫射式光电开关均处于常态；若从底层起仅剩下三个工件，则底层处漫射式光电开关动作而第四层漫射式光电开关处于常态，表明工件已经快用完了。这样，料仓中有无储料或储料是否足够，即可用这两个漫射式光电开关的信号状态反映出来。

推料气缸把工件推出到物料台上。物料台面开有小孔，物料台下面设有一个圆柱形漫射式光电开关，工作时向上发出光线，从而透过小孔检测是否有工件存在，以便向系统提供本单元物料台有无工件的信号。在输送单元的控制程序中，可以利用该信号状态来判断是否需要驱动机械手装置来抓取此工件。

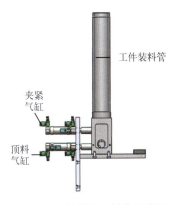

图3-4 供料单元结构示意图

子任务二 供料单元的控制

1. 招式1——气动控制

气动控制回路是本工作单元的执行机构，由PLC控制推料和顶料。供料单元气动控制回路的工作原理如图3-5所示。图中1A和2A分别为推料气缸和顶料气缸。1B1和1B2为安装在推料气缸的两个极限工作位置的磁感应接近开关，2B1和2B2为安装在顶料气缸的两个极限工作位置的磁感应接近开关。1Y1和2Y1分别为控制推料气缸和顶料气缸的电磁阀的电磁控制端。

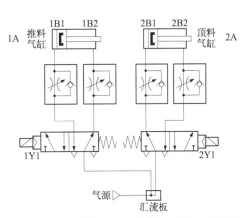

图3-5 供料单元气动控制回路的工作原理

气缸两端分别有缩回限位和伸出限位两个极限位置，这两个极限位置都分别装有一个磁性开关。当气缸的活塞杆运动到哪一端时，哪一端的磁性开关就动作并发出电信号。

供料单元的阀组由两个二位五通的带手控开关的单电控电磁阀组成。两个单电控电磁阀集中安装在汇流板上，汇流板中两个排气口末端均连接了消声器。两个电磁阀分别对顶料气缸和推料气缸进行控制，以改变各自的动作状态。

2. 招式2——PLC控制

如图3-3所示，在底座和工件装料管第四层工件位置，均安装了1个漫射式光电开关，分别用于判断料仓中有无储料和储料是否足够。物料台面开有小孔，物料台下面也设有一个漫射式光电开关，向系统提供物料台有无工件的信号。

传感器信号（包括 4 个传感器和 4 个磁性开关）占用 8 个输入点，启停和方式切换占 4 个输入点，输出有 2 个电磁阀和 3 个指示灯，则所需的输入、输出点数分别为 12 点输入和 5 点输出，如表 3-1 所示。选用西门子 S7-1200 CPU1214C AC/DC/RLY 作为主单元，共 14 点输入和 10 点继电器输出，供料单元 PLC 的 I/O 接线原理图如图 3-6 所示。

表 3-1 供料单元 PLC 的 I/O 信号表

输入信号				输出信号			
序号	PLC 输入点	信号名称	信号来源	序号	PLC 输出点	信号名称	信号来源
1	I0.0	顶料到位检测	按钮/指示灯端子排	1	Q0.0	顶料电磁阀	
2	I0.1	顶料复位检测		2	Q0.1	推料电磁阀	
3	I0.2	推料到位检测		3	Q0.2		
4	I0.3	推料复位检测		4	Q0.3		
5	I0.4	物料台物料检测		5	Q0.4		
6	I0.5	供料不足检测		6	Q0.5		
7	I0.6	物料有无检测		7	Q0.6		
8	I0.7	金属传感器检测		8	Q0.7	黄色指示灯	
9	I1.2	停止按钮		9	Q1.0	绿色指示灯	
10	I1.3	启动按钮		10	Q1.1	红色指示灯	
11	I1.4	急停按钮					
12	I1.5	工作方式切换					

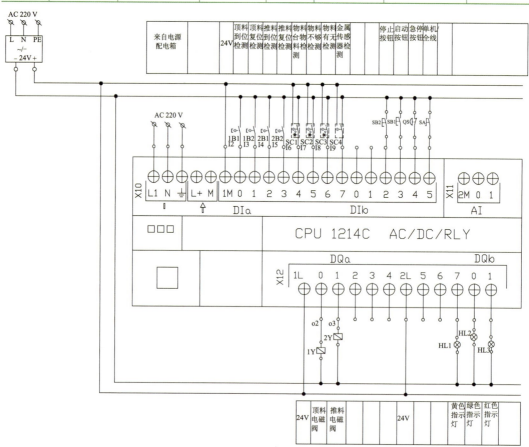

图 3-6 供料单元 PLC 的 I/O 接线原理图

3．招式3——人机界面设计

供料单元的监控画面采用博途组态设计，实现供料单元的单站运行以及对其运行状态全程监控。供料单元设计与调试界面，如图3-7所示。供料单元设计与调试界面监控内容有：启动、停止、急停按钮，系统运行、系统停止显示等一系列信息。

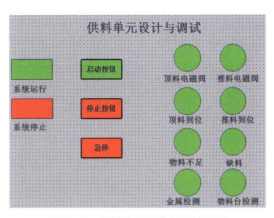

图3-7　供料单元设计与调试界面

供料单元人机界面的组态步骤和方法：

（1）创建工程

HMI类型选择SIMATIC精智面板系列中7英寸显示屏TP 700 Comfort，订货号6AV2124-0GC01-0AX0。

（2）画面制作（以系统运行指示灯为例）

参考设计视图，从工具箱中选择矩形，添加外观动画并设置，如图3-8所示，连接变量"运行－供料"（在PLC的变量表中），如图3-9所示。

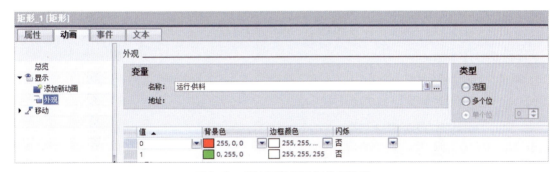

图3-8　系统运行指示灯外观设置

图3-9　变量连接

(3) 设备连接

在"连接"窗口中选择"SIMATIC S7-1200"通信驱动程序，选择"以太网"接口，设置 HMI 设备的 IP 地址 192.168.3.6。供料单元 PLC 的 IP 地址 192.168.3.2，如图 3-10 所示。

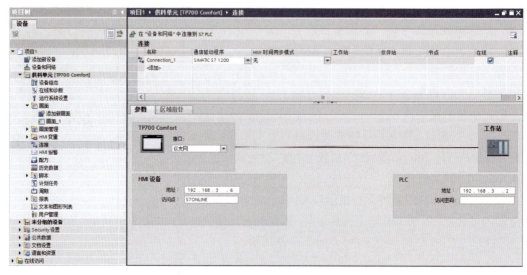

图 3-10 设备连接设置

(4) 程序下载调试

单击"工程下载"按钮，弹出"下载配置"对话框，单击"开始搜索"按钮，找到 HMI 设备后，单击"下载"按钮，如图 3-11 所示。

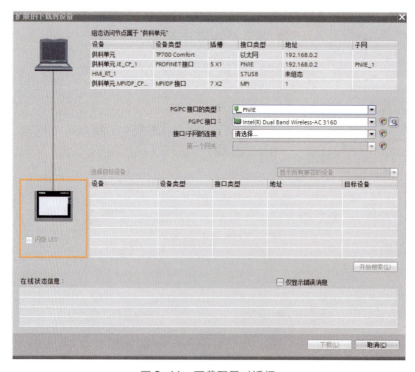

图 3-11 下载配置对话框

子任务三　供料单元技能训练

1. 训练目标
按照本单元控制要求，在规定时间内完成机械部分、传感器、气路的安装与调试，并进行 PLC 程序设计和供料单元的人机界面设计与调试。

2. 训练要求
① 熟悉供料单元的功能及结构组成。
② 能够根据控制要求，设计气动控制回路原理图，安装执行器件并进行调试。
③ 安装所使用的传感器并进行调试。
④ 查明 PLC 各端口地址，根据要求编写程序并调试。
⑤ 能够进行供料单元的人机界面设计和调试。

3. 安装与调试工作计划表
读者可按照表 3-2 所示的工作计划表对供料单元的安装与调试进行记录。

表 3-2　工作计划表

步　骤	内　　容	计划时间/h	实际时间/h	完成情况
1	整个练习的工作计划	0.25		
2	制订安装计划	0.25		
3	本单元任务描述和任务所需图样程序	1		
4	写材料清单和领料单	0.25		
5	机械部分安装与调试	1		
6	传感器安装与调试	0.25		
7	按照图样进行电路安装	0.5		
8	气路安装	0.25		
9	气源与电源连接	0.25		
10	PLC 控制编程	1		
11	供料单元的人机界面设计	2		
12	按质量要求检查整个设备	0.25		
13	本单元各部分设备的通电、通气测试	0.25		
14	对教师发现和提出的问题进行回答	0.25		
15	输入程序，进行整个装置的功能调试	0.5		
16	排除故障	0.25		
17	该任务成绩的评估	0.5		

供料单元安装与调试总时间计划共计 9 h，请根据实际情况填写表 3-2。

4．材料清单

请仔细查看器件，根据所选系统及具体情况填写表3-3中的规格、数量、产地。

表3-3　供料单元材料清单

序　号	代　号	物品名称	规　格	数　量	备注（产地）
1		大工件装料管			
2		推料气缸			
3		顶料气缸			
4		磁性开关			
5		光电传感器			
6		PLC			
7		端子排组件			
8		急停按钮			
9		启动/停止按钮			
10		支撑板			
11		阀组			
12		工件漏斗			
13		走线槽			
14		底板			
15		金属传感器			

5．机械部分安装与调试

（1）机械部分安装步骤

① 在教师指导下，熟悉本单元功能和动作过程；观看本单元安装录像；在现场观察了解本单元结构，供料单元组件如图3-12所示。

② 在独立安装时，首先把传感器支架安装在落料支撑板下方，在支撑板上装底座。注意：出料口方向朝前，与挡料板方向一致。然后装两个传感器支架，把以上整体安装在落料支撑架上。注意：支撑架的横架方向是在后面的，螺钉先不要拧紧，方向不能反，安装气缸支撑板后再固定紧。

③ 在气缸支撑板上装两个气缸，安装节流阀，装推料头，然后固定在落料板支架上。

④ 把以上整体安装到底板上，并固定于工作台上，在工作台第4道、第10道槽口安装螺钉固定。

⑤ 安装大工件装料管（俗称"料筒"或"料仓"），安装光电传感器、金属传感器和磁性开关。

（2）调试注意事项

① 要手动调整推料气缸或者挡料板位置，调整后，再固定螺栓；否则，位置不到位会引起工件推偏。

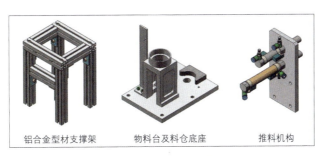

铝合金型材支撑架　　物料台及料仓底座　　推料机构

图 3-12　供料单元组件

② 磁性开关的安装位置可以调整。调整方法是松开磁性开关的紧定螺栓，让它顺着气缸滑动；到达指定位置后，再旋紧紧定螺栓。注意：夹料气缸只要把工件夹紧即可，因此行程很短，因此它上面的两个磁性开关几乎靠在一起。如果磁性开关安装位置不当，会影响控制过程。

③ 底座和工件装料管安装的光电开关。若该部分机构内没有工件，光电开关上的指示灯不亮；若在底层起有三个工件，底层处光电开关上的指示灯亮，而第四层处光电开关上的指示灯不亮；若在底层起有四个工件或者以上，两个光电开关上的指示灯都亮；否则，调整光电开关位置或者光强度。

④ 物料台面开有小孔，物料台下面也设有一个光电开关，工作时向上发出光线，从而透过小孔检测是否有工件存在，以便向系统提供本单元物料台有无工件的信号。在输送单元的控制程序中，就可以利用该信号状态来判断是否需要驱动机械手装置来抓取此工件。该光电开关选用圆柱形的光电接近开关（MHT15-N2317型）。注意：所用工件中心也有个小孔，调整传感器位置时，应防止传感器发出光线透过工件中心小孔而没有反射，从而引起误动作。

⑤ 所采用的电磁阀，带手动换向、加锁钮，有锁定（LOCK）和开启（PUSH）两个位置。用小螺丝刀把加锁钮旋到LOCK位置时，手控开关向下凹进去，不能进行手控操作。只有在PUSH位置时，才可用工具向下按，信号为1，等同于该侧的电磁信号为1；常态时，手控开关的信号为0。在进行设备调试时，可以使用手控开关对阀进行控制，从而实现对相应气路的控制，以改变推料气缸等执行机构的控制，从而达到调试的目的。

6．生产工艺流程

① 设备加电后，若工作单元的两个气缸均处于缩回位置，且料仓内有足够的待加工工件，则"正常工作"指示灯HL1长亮，表示设备已准备好；否则，该指示灯以1 Hz的频率闪烁。

② 若设备准备好，按下启动按钮，工作单元启动，"设备运行"指示灯 HL2 长亮。启动后，若出货台上没有工件，则应把工件推到出货台上。出货台上的工件被人工取出后，若没有停止信号，则进行下一次推出工件的操作。

③ 若在运行中按下停止按钮，则在完成本工作周期任务后，各工作单元停止工作，指示灯 HL2 熄灭。

④ 若在运行中料仓内工件不足，则工作单元将继续工作，但"正常工作"指示灯HL1以1 Hz的频率闪烁，"设备运行"指示灯HL2保持长亮；若料仓内没有工件，则指示灯HL1以2 Hz的频率闪烁。工作站在完成本工作周期任务后停止。除非向料仓补充足够的工件，工作站不能再启动。

要编写满足控制要求、安全要求的控制程序，首先要了解设备的基本结构；其次要清楚各个执行结构之间的准确动作关系，即清楚生产工艺；同时还要考虑安全、效率等因素；最后才是通过编程实现控制功能。供料单元单周期控制工艺流程如图 3-13 所示，供料单元自动循环控制工艺流程如图 3-14 所示。

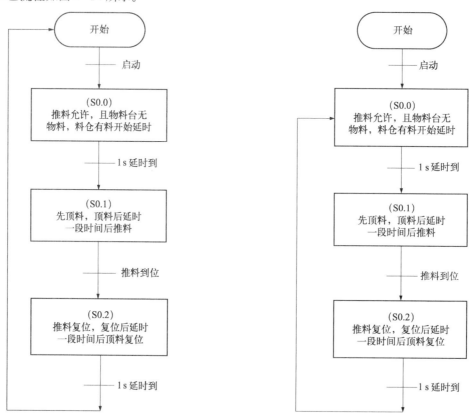

图 3-13　供料单元单周期控制工艺流程　　图 3-14　供料单元自动循环控制工艺流程

7．调试运行

在编写、传输、调试程序过程中，进一步了解并掌握设备调试的方法、技巧及注意点，培养严谨的作风，需要做到以下几点：

① 在下载、运行程序前，必须认真检查程序。在检查程序时，重点检查：各个执行机构之间是否会发生冲突；采用什么措施避免了冲突；同一执行机构在不同阶段所做的动作是否区分开了。（只有认真、全面检查了程序，并确定准确无误时，才可以运行程序。若在不经过检查的情况下直接在设备上运行所编写的程序，如果程序存在问题，就很容易造成设备损毁和人员伤害。）

② 在调试过程中，仔细观察执行机构的动作，并且在调试运行记录表（见表 3-4）中做好实时记录，并将其作为依据，来分析程序可能存在的问题。如果程序能够实现预期的控制功能，则应该多运行几次，以便检查其运行的稳定性，然后进行程序优化。

③ 总结经验，把调试过程中遇到的问题、解决的方法记录下来。

④ 在运行过程中，应该在现场时刻注意运行情况，一旦发生执行机构相互冲突的事件，应该及时采取措施（如急停、切断执行机构控制信号、切断气源和切断总电源等），以免造成设备的损毁。

表 3-4 调试运行记录表

操作步骤	观察项目及结果						
	光电开关（物料有无）	光电开关（物料够不够）	金属传感器	推料气缸	顶料气缸	推料气缸磁性开关	顶料气缸磁性开关
料筒放入四个工件	1	1	0	0	0		
按启动按钮，顶料到位	1	0	0	0	1		
推料到位	1	0	1	0			
推料复位	1	0					
顶料复位							
顶料到位							

教师、学生可根据表 3-5 进行评分。

表 3-5 评 分 表

评 分 表 ____ 学年		工 作 形 式 □个人 □小组分工 □小组	实际工作时间 ____	
训练项目	训练内容	训练要求	学生自评	教师评分
供料单元	1. 工作计划与图样（20分） 工作计划； 材料清单； 气路图； 电路图； 程序清单	电路绘制有错误，每处扣 0.5 分；机械手装置运动的限位保护没有设置或绘制有错误，扣 1.5 分；主电路绘制有错误，每处扣 0.5 分；电路图形符号不规范，每处扣 0.5 分，最多扣 2 分		
	2. 部件安装与连接（20分）	装配未能完成，扣 2.5 分；装配完成，但有紧固件松动现象，每处扣 1 分		
	3. 连接工艺（20分） 电路连接及工艺； 气路连接及工艺； 机械安装及装配工艺	端子连接、插针压接不牢或超过两根导线，每处扣 0.5 分，端子连接处没有号码，每处扣 0.5 分，两项最多扣 3 分；电路接线没有绑扎或电路接线凌乱，扣 2 分；机械手装置运动的限位保护未接线或接线错误，扣 1.5 分；气路连接未完成或有错，每处扣 2 分；气路连接有漏气现象，每处扣 1 分；气缸节流阀调整不当，每处扣 1 分；气管没有绑扎或气路连接凌乱，扣 2 分		
	4. 测试与功能（30分） 夹料功能； 送料功能； 整个装置全面检测	启动/停止方式不按控制要求，扣 1 分；运行测试不满足要求，每处扣 0.5 分；工件送料测试，但推出位置明显偏差，每处扣 0.5 分		
	5. 职业素养与安全意识(10分)	现场操作安全保护符合安全操作规程；工具摆放、包装物品、导线线头等的处理符合职业岗位的要求；团队合作有分工有合作，配合紧密；遵守纪律，尊重教师，爱惜设备和器材，保持工位的整洁		

知识、技能归纳

通过训练，熟悉了供料单元的结构，亲身实践，了解了气动控制技术、传感器技术、PLC 控制技术的应用，并且在一个单元中将它们有机地融合在一起，从而体验了机电一体化控制技术的具体应用。

工程素质培养

掌握工程工作方法，培养严谨的工作作风。

拓展训练

1. 料仓中工件少于四个时，传感器提示报警，这如何在程序中反映？
2. 如何在程序中实现单循环、手动单步、全自动控制的转换？
3. 组态界面如何反映已完成的供料元件数量？金属物料有几个？

任务二　加工单元的安装与调试

任务目标

1. 能在规定时间完成加工单元的安装和调试；
2. 能根据控制要求进行加工单元控制程序设计和调试；
3. 能解决自动化生产线安装与运行过程中出现的常见问题。

图3-15所示为加工单元的全貌。

图3-15　加工单元的全貌

任务要点：根据加工单元功能，进行气动、控制电路设计，并按照正确步骤进行安装与调试。

子任务一　初步认识加工单元

加工单元的功能是完成把待加工工件从物料台移送到加工区域冲压气缸的正下方、对工件的冲压加工，以及把加工好的工件重新送回物料台等工作。图3-16所示为加工单元的前视图与后视图。

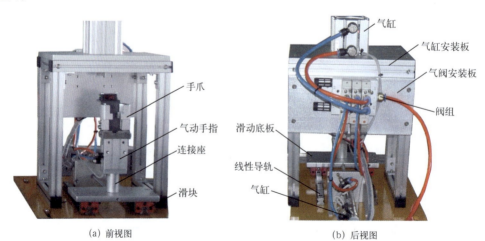

(a) 前视图　　　　　　　　　　　　(b) 后视图

图3-16　加工单元的前视图与后视图

物料台用于固定被加工工件，并把工件移到加工（冲压）机构正下方进行冲压加工。它主要由手爪、气动手指、伸缩气缸活塞杆、线性导轨及滑块、磁感应接近开关、漫射式光电传感器等组成。物料台及滑动机构如图3-17所示。

滑动物料台在系统正常工作后的初始状态为伸缩气缸伸出、物料台气动手爪张开的状态，当输送机构把物料送到物料台上后，物料检测传感器检测到工件后，PLC控制程序驱动气动手指将工件夹紧→物料台回到加工区域冲压气缸下方→冲压气缸活塞杆向下伸出冲压工件→完成冲压动作后向上缩回→物料台重新伸出→到位后气动手指松开，完成工件加工工序，并向系统发出加工完成信号，为下一次工件到来加工做准备。

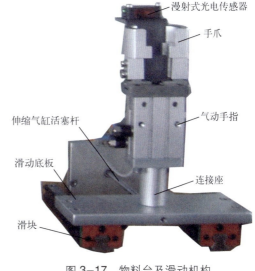

图3-17 物料台及滑动机构

在滑动物料台上安装一个漫射式光电开关。若物料台上没有工件，则漫射式光电开关处于常态；若物料台上有工件，则漫射式光电开关动作，表明物料台上已有工件。该光电传感器的输出信号送到加工单元PLC的输入端，用以判别物料台上是否有工件需进行加工；加工过程结束后，物料台伸出到初始位置。

滑动物料台上安装的漫射式光电开关仍选用CX-441型放大器内置型光电开关（细小光束型）。滑动物料台伸出和返回到位的位置是通过调整伸缩气缸上两个磁性开关位置来定位的。要求缩回位置位于加工冲头正下方；伸出位置应与整体状态下的输送单元的抓取机械手装置配合，确保输送单元的抓取机械手能顺利地把待加工工件放到物料台上。

加工机构用于对工件进行冲压加工。它主要由冲压气缸、冲压头、安装板等组成。加工（冲压）机构如图3-18所示。

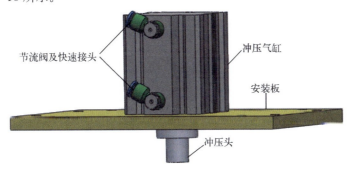

图3-18 加工（冲压）机构

当工件到达冲压位置，即伸缩气缸活塞杆缩回到位，冲压气缸伸出对工件进行加工。完成加工动作后冲压气缸缩回，为下一次冲压做准备。冲压头根据工件的要求对工件进行冲压加工，冲压头安装在冲压气缸头部。安装板用于安装冲压气缸，对冲压气缸进行固定。

子任务二　加工单元的控制

1. 招式1——气动控制

加工单元的气爪气缸、物料台伸缩气缸和冲压气缸均分别用一个二位五通的带手控开关的单向电控电磁阀控制，它们均集中安装在带有消声器的汇流板上，并分别对冲压气缸、物料台手爪气缸和物料台伸缩气缸的气路进行控制，以改变各自的动作状态。冲压气缸控制电磁阀所配的快速接头口径较大，这是由于冲压气缸对气体的压力和流量要求比较高，冲压气缸的配套气管较粗的缘故。

电磁阀所带手控开关有锁定（LOCK）和开启（PUSH）两种。在进行设备调试时，使手控开关处于开启位置，可以使用手控开关对阀进行控制，从而实现对相应气路的控制，以及对相应气路的控制，以改变冲压气缸等执行机构的控制，从而达到调试的目的。

本工作单元气动控制回路的工作原理如图 3-19 所示。1B1 和 1B2 为安装在冲压气缸的两个极限工作位置的磁感应接近开关；2B1 和 2B2 为安装在物料台伸缩气缸的两个极限工作位置的磁感应接近开关；3B1 为安装在手爪气缸工作位置的磁感应接近开关；1Y1、2Y1 和 3Y1 分别为控制冲压气缸、物料台伸缩气缸和手爪气缸的电磁阀的电磁控制端。

当气源接通时，物料台伸出气缸的初始状态是在伸出位置。这一点，在进行气路安装时应予注意。

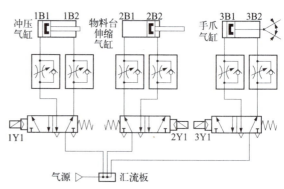

图 3-19　加工单元气动控制回路的工作原理

2. 招式2——PLC控制

（1）PLC 的 I/O 接线

在本单元中，传感器信号（包括 1 个光电开关、5 个磁性开关和 1 个光纤传感器）共计占用 7 个输入点；另外 4 个点提供给急停按钮和启动/停止按钮及方式切换开关作为本地主令信号。输出有 3 个阀和 3 个指示灯，则所需的 PLC I/O 点数分别为 11 点输入、6 点输出，如表 3-6 所示。选用西门子 S7-1200 CPU1214C AC/DC/RLY 作为主单元，共 14 点输入和 10 点继电器输出，加工单元 PLC 的 I/O 接线原理图如图 3-20 所示。

表 3-6　加工单元 PLC 的 I/O 信号表

输入信号				输出信号			
序号	PLC 输入点	信号名称	信号来源	序号	PLC 输出点	信号名称	信号来源
1	I0.0	物料台物料检测	装置侧	1	Q0.0	夹紧电磁阀	装置侧
2	I0.1	料台夹紧检测		2	Q0.1		
3	I0.2	料台伸出到位检测		3	Q0.2	料台伸缩电磁阀	
4	I0.3	料台缩回到位检测		4	Q0.3	加工压头电磁阀	
5	I0.4	加压头上限检测		5	Q0.4		
6	I0.5	加压头下限检测		6	Q0.5		
7	I0.6	加工安全检测		7	Q0.6		
8	I1.2	停止按钮	按钮/指示灯端子排	8	Q0.7	黄色指示灯	按钮/指示灯端子排
9	I1.3	启动按钮		9	Q1.0	绿色指示灯	
10	I1.4	急停按钮		10	Q1.1	红色指示灯	
11	I1.5	工作方式切换					

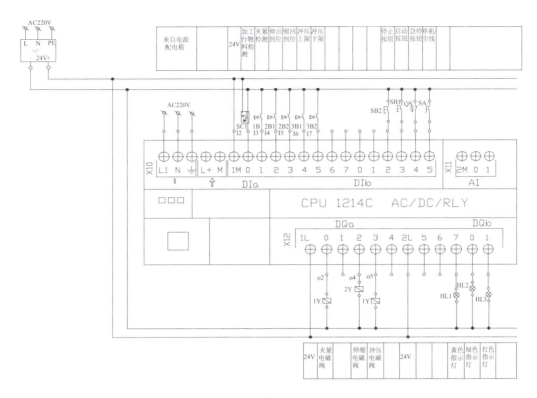

图 3-20 加工单元 PLC 的 I/O 接线原理图

(2) 加工单元控制工艺要求

① 在加工单元中，提供一个启动/停止按钮和一个急停按钮。本单元的急停按钮是当本单元出现紧急情况下提供的局部急停信号。一旦发生紧急情况，本单元所有机构应立即停止运行，直到急停解除为止。

② 加工单元的工艺过程也是一个顺序控制过程：物料台的物料检测传感器检测到工件后，机械手指夹紧工件→物料台回到加工区域冲压气缸下方→冲压气缸向下伸出冲压工件→完成冲压动作后向上缩回→物料台重新伸出→到位后机械手指松开，工件加工工序完成。

3．招式3——人机界面设计

在加工单元的组态监控窗口，内容包含：启动、停止、急停按钮、系统运行、系统停止、物料夹紧电磁阀、料台伸缩电磁阀、加工压头电磁阀、物料夹紧检测、有无物料检测、料台动作是否到位检测、压头冲压是否到位等一系列的信号显示，实时反映设备的运动过程。图 3-21 所示为加工单元设计与调试界面。

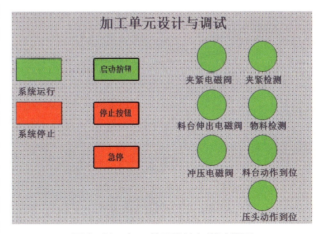

图 3-21 加工单元设计与调试界面

子任务三　加工单元技能训练

1．训练目标
按照加工单元工艺要求，先进行机械安装与调试，设计手动单步控制、单周期控制和自动连续控制，设计人机监控界面，并进行调试。

2．训练要求
① 熟悉加工单元的功能及结构组成，并能进行正确安装。
② 能够根据控制要求，设计气动控制回路原理图，安装执行器件并调试。
③ 安装所使用的传感器并进行调试。
④ 查明 PLC 各端口地址，根据要求编写程序并调试。
⑤ 能够进行加工单元的人机界面设计和调试。

3．安装与调试工作计划表
加工单元安装与调试总时间计划共计 6 h，请根据表 3-7 安排计划时间并填写实际时间。

表 3-7　工作计划表

步　骤	内　容	计划时间 /h	实际时间 /h	完成情况
1	整个练习的工作计划	0.5		
2	制订安装计划	0.5		
3	线路描述和项目执行图样	1		
4	写材料清单和领料单	0.5		
5	机械部分安装与调试	1		
6	传感器安装与调试	0.5		
7	气路安装	1		
8	电路安装	2		
9	连接各部分器件	2.5		
10	按质量要求检查整个设备	1		
11	项目各部分设备的测试	2		
12	对教师发现和提出的问题进行回答	1		
13	输入程序，进行整个装置的功能调试	1		
14	排除故障	1		
15	该任务成绩的评估	0.5		

4．材料清单
请仔细查看器件，根据所选系统及具体情况填写表 3-8 中的规格、数量、产地。

表 3-8　加工单元材料清单

序　号	代　号	物品名称	规　格	数　量	备注（产地）
1		PLC			
2		物料台			
3		滑动机构			
4		加工（冲压）机构			
5		电磁阀组			
6		接线端口			

续表

序　号	代　号	物品名称	规　格	数　量	备注（产地）
7		急停按钮			
8		启动按钮			
9		停止按钮			
10		底板			

5．部分安装与调试

（1）机械部分安装步骤

① 安装支架。

② 安装上下气缸安装板。

③ 安装气阀安装板。

④ 将导轨固定在导轨滑板上，安装前、后气缸，连接座，气爪，气缸支架，装好后连接到气缸滑块上，将传感器安装板安装到手爪气缸上。

（2）调试注意事项

① 导轨要灵活，否则调整导轨固定螺钉或滑板固定螺钉。

② 气缸位置要调整正确。

③ 传感器位置和灵敏度要调整正确。

6．生产工艺过程

① 初始状态：设备加电和气源接通后，滑动物料台伸缩气缸处于伸出位置，物料台气动手爪处于松开状态，冲压气缸处于缩回状态，急停按钮没有按下。

若设备在上述初始状态，则"正常工作"指示灯 HL1 长亮，表示设备准备好；否则，该指示灯以 1 Hz 频率闪烁。

② 若设备准备好，按下启动按钮，系统启动，"设备运行"指示灯 HL2 长亮。当待加工工件被送到物料台上，物料检测传感器检测到工件后，PLC 控制程序驱动气动手指将工件夹紧→物料台回到加工区域冲压气缸下方→冲压气缸活塞杆向下伸出冲压工件→完成冲压动作后向上缩回→物料台重新伸出→到位后气动手指松开，工件加工工序完成。如果没有停止信号输入，当再有待加工工件送到物料台上时，加工单元又开始下一周期工作。

③ 在工作过程中，若按下停止按钮，加工单元在完成本工作周期的动作后停止工作。指示灯 HL2 熄灭。

④ 当急停按钮被按下时，本单元所有机构应立即停止运行，指示灯 HL2 以 1 Hz 频率闪烁。急停按钮复位后，设备从急停前的断点开始继续运行。

要编写满足控制要求、安全要求的控制程序，首先要了解设备的基本结构；其次要清楚各个执行结构之间的准确动作关系，即清楚生产工艺；同时还要考虑安全、效率等因素；最后才是通过编程实现控制功能。加工单元单周期控制工艺流程如图 3-22 所示，加工单元自动循环控制工艺流程如图 3-23 所示。

7．调试运行

在编写、传输、调试程序过程中，进一步了解并掌握设备调试的方法、技巧及注意点，培养严谨的作风。根据表 3-9 所示填写调试运行记录表。

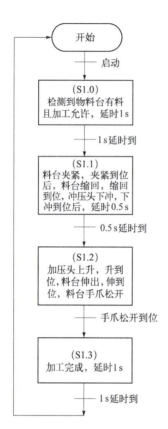

图 3-22 加工单元单周期控制工艺流程　　图 3-23 加工单元自动循环控制工艺流程

表 3-9 调试运行记录表

操作步骤	观察项目及结果							
	光电开关	伸缩气缸 2Y1	冲压气缸 1Y1	夹紧气缸 3Y1	夹紧气缸磁性开关 B1	伸缩气缸磁性开关 2B1	伸缩气缸磁性开关 2B2	冲压气缸磁性开关 1B1	冲压气缸磁性开关 1B2
初始状态									
启动									
物料台的物料									
机械手指夹紧工件									
物料台回到加工区域冲压气缸下方									
冲压气缸向下伸出冲压工件									
冲压动作后向上缩回									
物料台重新伸出									
到位后机械手指松开									

教师、学生可根据表 3-10 进行评分。

表 3-10 评 分 表

评 分 表 ____学年		工 作 形 式 □个人　□小组分工　□小组	实际工作时间	
训练项目	训练内容	训练要求	学生自评	教师评分
加工单元	1. 工作计划和图样（20分） 　工作计划； 　材料清单； 　气路图； 　电路图； 　程序清单	电路绘制有错误，每处扣0.5分；机械手装置运动的限位保护没有设置或绘制有错误，扣1.5分；主电路绘制有错误，每处扣0.5分；电路图形符号不规范，每处扣0.5分，最多扣2分		
	2. 部件安装与连接（20分）	装配未能完成，扣2.5分；装配完成，但有紧固件松动现象，每处扣1分		
	3. 连接工艺（20分） 　电路连接及工艺； 　气路连接及工艺； 　机械安装及装配工艺	端子连接、插针压接不牢或超过两根导线，每处扣0.5分，端子连接处没有线号，每处扣0.5分，两项最多扣3分；电路接线没有绑扎或电路接线凌乱，扣2分；机械手装置运动的限位保护未接线或接线错误，扣1.5分；气路连接未完成或有错，每处扣2分；气路连接有漏气现象，每处扣1分；气缸节流阀调整不当，每处扣1分；气管没有绑扎或气路连接凌乱，扣2分		
	4. 测试与功能（30分） 　夹料功能； 　送料功能； 　整个装置全面检测	启动/停止方式不按控制要求，扣1分；运行测试不满足要求，每处扣0.5分；具备送料功能，但推出位置明显偏差，每处扣0.5分		
	5.职业素养与安全意识(10分)	现场操作安全保护符合安全操作规程；工具摆放、包装物品、导线线头等的处理符合职业岗位的要求；团队有分工有合作，配合紧密；遵守纪律，尊重教师，爱惜设备和器材，保持工位的整洁		

知识、技能归纳

通过训练，熟悉了加工单元的结构，亲身实践了解了气动控制技术、传感器技术、PLC控制技术的应用，并且在一个单元中有机融合在一起，从而体验了机电一体化控制技术的具体应用。

工程素质培养

掌握工程工作方法方式，培养严谨的工作作风。

任务三　装配单元的安装与调试

 任务目标

1. 能在规定时间完成装配单元的安装和调试；
2. 能根据控制要求进行装配单元控制程序设计和调试；
3. 能解决自动化生产线安装与运行过程中出现的常见问题。

装配单元可以模拟两个物料装配过程，并通过旋转工作台模拟物流传送过程，图 3-24 为装配单元实物图。

图 3-24　装配单元实物图

任务要点：根据装配单元功能进行气动、控制电路设计，并按照正确步骤进行安装与调试。

子任务一　初步认识装配单元

装配单元用于将生产线中的两个大小不同的小圆柱工件装配到一起，即将料仓中的小圆柱工件（见图 3-25）（黑、白两种颜色）装入物料台上的工件中心孔中。

图 3-25　小圆柱工件

装配单元总装示意图如图 3-26 所示。该单元的基本工作过程：料仓中的物料在重力作用下自由下落到底层，顶料和挡料两直线气缸对底层相邻两物料夹紧与松开，对连续下落的物料进行分配，最底层的物料按指定的路径落入料盘，摆台完成 180°位置变换后，由伸缩气缸、升降气缸、气动手指所组成的机械手夹持并移位，再插入已定位在装配台上的半成品工件中。

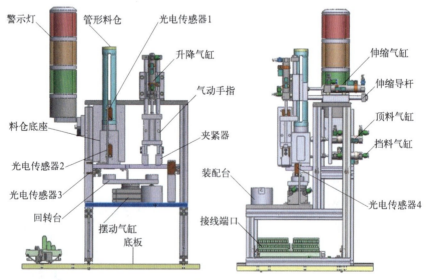

图 3-26　装配单元总装示意图

装配单元的结构包括简易料仓、供料机构、回转物料台、装配机械手、半成品工件的定位机构、电磁阀组、信号采集及其自动控制系统以及用于电器连接的端子排组件，整条生产线状态指示的信号灯和用于其他机构安装的铝型材支架及底板，传感器安装支架等其他附件。

1. 简易料仓

简易料仓由塑料圆棒加工而成,其实物图与结构示意图如图 3-27 所示。它直接插装在供料机构的连接孔中,并在顶端放置加强金属环,用以防止空心塑料圆柱被破损。物料被竖直放入料仓的空心圆柱内,由于二者之间有一定的间隙,物料能在重力作用下自由下落。

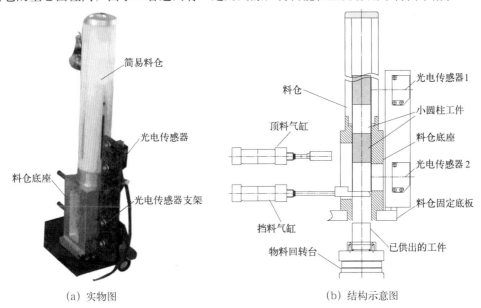

(a) 实物图 (b) 结构示意图

图 3-27 简易料仓实物图与结构示意图

为了能对料仓缺料即时报警,在料仓的外部安装有漫射式光电传感器(CX-441 型),并在料仓塑料圆柱上纵向铣槽,以使光电传感器的红外光斑能可靠照射到被检测的工件上,料仓中的工件外形一致,但颜色分为黑色和白色,光电传感器的灵敏度调整应以能检测到黑色工件为准。

2. 供料机构

它的动作过程是由上下位置安装、水平动作的两直线气缸在 PLC 的控制下完成的。其初始位置是上面的气缸处于活塞杆缩回位置,而下面的气缸则处于活塞杆伸出位置。下面的气缸使因重力而下落的物料被阻挡,故称为挡料气缸。系统加电并正常运行后,当回转物料台旁的光电传感器检测到当回转物料台需要物料时,上面的气缸在电磁阀的作用下活塞杆伸出,把次下层的物料顶住,使其不能下落,故称为顶料气缸。这时,挡料气缸活塞杆缩回,物料掉入回转物料台的料盘中,然后挡料气缸复位伸出,顶料气缸缩回,次下层物料下落,为下一次分料做好准备。在两直线气缸上均装有检测活塞杆伸出与缩回到位的磁性开关,用于动作到位检测,当系统正常工作并检测到活塞磁钢时,磁性开关的红色指示灯点亮,并将检测到的信号传送给控制系统的 PLC。

3. 回转物料台

回转物料台由摆动气缸和料盘构成,如图 3-28 所示。摆动气缸驱动料盘旋转 180°,并将摆动到位信号通过磁性开关传送给 PLC。在 PLC 的控制下,实现有序、往复循环动作。

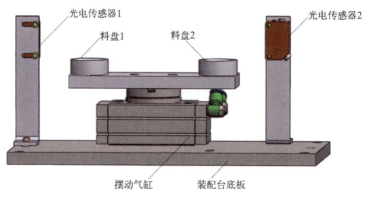

图 3-28 回转物料台的结构

回转物料台的主要器件是气动摆台，如图 3-29 所示。它是由直线气缸驱动齿轮齿条实现回转运动的。回转角度能在 0°～90°和 0°～180°之间任意可调，而且可以安装磁性开关，检测旋转到位信号，多用于方向和位置需要变换的机构。

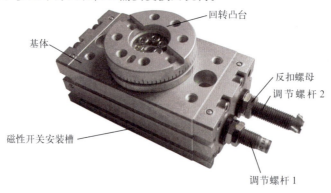

图 3-29 气动摆台

本单元所使用的气动摆台的摆动回转角度为 0°～180°。当需要调节回转角度或调整摆动位置精度时，应首先松开调节螺杆上的反扣螺母，通过旋入和旋出调节螺杆，改变回转凸台的回转角度，调节螺杆 1 和调节螺杆 2 分别用于左旋和右旋角度的调整。当调整好摆动角度后，应将反扣螺母与基体反扣锁紧，防止调节螺杆松动从而造成回转精度降低。

回转到位的信号是通过调整气动摆台滑轨内的两个磁性开关的位置实现的，图 3-30 是磁性开关位置调整示意图。磁性开关安装在气缸体的滑轨内，松开磁性开关的紧定螺钉，磁性开关即可沿着滑轨左右移动。确定开关位置后，旋紧紧定螺钉，即可完成位置的调整。

图 3-30 磁性开关位置调整示意图

4. 装配机械手

装配机械手是整个装配单元的核心。当装配机械手正下方的回转物料台上有物料，且被半成品工件定位机构传感器检测到的情况下，机械手从初始状态开始执行装配操作过程。装配机械手的整体外形如图 3-31 所示。

装配机械手装置是一个三维运动的机构，它由水平方向移动和竖直方向移动的两个导杆气缸和气动手指组成。

导杆气缸外形如图 3-32 所示。该气缸由直线运动气缸带双导杆和其他附件组成。

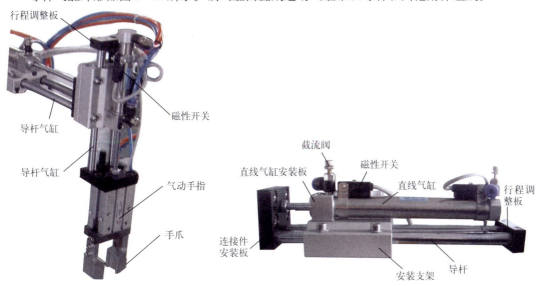

图 3-31 装配机械手的整体外形　　　　　　图 3-32 导杆气缸外形

安装支架用于导杆导向件的安装和导杆气缸整体的固定；连接件安装板用于固定其他需要连接到该导杆气缸上的物件，并将两导杆和直线气缸活塞杆的相对位置固定，当直线气缸的一端接通压缩空气后，活塞被驱动做直线运动，活塞杆也一起移动，被连接件安装板固定到一起的两导杆也随活塞杆的伸出或缩回而运动，从而实现导杆气缸的整体功能；安装在导杆末端的行程调整板用于调整该导杆气缸的伸出行程。具体调整方法是松开行程调整板上的紧定螺钉，让行程调整板在导杆上移动，当达到理想的伸出距离以后，再完全锁紧紧定螺钉，从而完成行程的调节。

装配机械手的运行过程：PLC驱动与竖直移动气缸相连的电磁换向阀动作，由竖直移动带导杆气缸驱动气动手指向下移动。到位后，气动手指驱动手爪夹紧物料，并将夹紧信号通过磁性开关传送给PLC。在PLC的控制下，竖直移动气缸复位，被夹紧的物料随气动手指一并提起。当回转物料台的料盘提升到最高位后，水平移动气缸在与之对应的换向阀的驱动下，活塞杆伸出，移动到气缸前端位置后，竖直移动气缸再次被驱动下移，移动到最下端位置，气动手指松开。最后经短暂延时，竖直移动气缸和水平移动气缸缩回，机械手恢复初始状态。

在整个机械手动作过程中，除气动手指松开到位无传感器检测外，其余动作的到位信号检测均采用与气缸配套的磁性开关，将采集到的信号输入PLC，由PLC输出信号驱动电磁阀换向，使由气缸及气动手指组成的机械手按程序自动运行。

5. 半成品工件的定位机构（物料台）

输送单元运送来的半成品工件直接放置在该机构的物料定位孔中，由定位孔与工件之间较小的间隙配合实现定位，从而完成准确的装配动作并保证定位精度，如图 3-33 所示。

6. 电磁阀组

装配单元的阀组由六个二位五通单向电控电磁阀组成，如图 3-34 所示。这些阀分别对物料分配、位置变换和装配动作气路进行控制，以改变各自的动作状态。

图 3-33 半成品工件的定位机构（物料台）

图 3-34 装配单元的电磁阀组

子任务二　装配单元的控制

1. 招式1——气动控制

图 3-35 所示是装配单元气动控制回路的工作原理。在进行气路连接时，请注意各气缸的初始位置。挡料气缸在伸出位置，手爪提升气缸在提升位置。

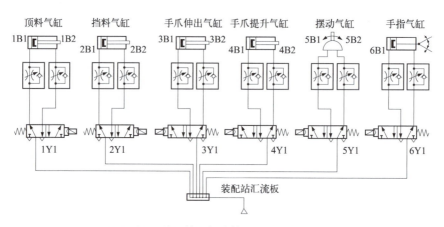

图 3-35 装配单元气动控制回路的工作原理

2. 招式2——PLC的I/O 接线

(1) PLC 的选型和 I/O 接线原理

装配单元使用了 16 个传感器（包括 4 个光电开关、1 个光纤传感器和 11 个磁性开关）及 6 个电磁阀，故选用西门子 S7-1200 CPU1214C AC/DC/RLY 主单元 +SM1223 DC/RLY，共 22 点输入，18 点输出。实际使用为 20 点输入（包括急停按钮和启动／停止按钮信号），12 个输出。装配单元 PLC 的 I/O 信号表如表 3-11 所示。

PLC 的输入端和输出端接线图分别如图 3-36、图 3-37 所示。

表 3-11 装配单元 PLC 的 I/O 信号表

输入信号				输出信号			
序号	PLC 输入点	信号名称	信号来源	序号	PLC 输出点	信号名称	信号来源
1	I0.0	物料不足检测	装置侧	1	Q0.0	挡料电磁阀	装置侧
2	I0.1	物料有无检测		2	Q0.1	顶料电磁阀	
3	I0.2	物料左检测		3	Q0.2	回转电磁阀	
4	I0.3	物料右检测		4	Q0.3	手爪夹紧电磁阀	
5	I0.4	物料台物料检测		5	Q0.4	手爪下降电磁阀	
6	I0.5	顶料到位检测		6	Q0.5	手爪伸出电磁阀	
7	I0.6	顶料复位检测		7	Q0.6	红色警示灯	
8	I0.7	挡料状态检测		8	Q0.7	黄色警示灯	
9	I1.0	落料状态检测		9	Q1.0	绿色警示灯	
10	I1.1	旋转缸左限位检测		10	Q1.1		
11	I1.2	旋转缸右限位检测		11	Q2.0		
12	I1.3	手爪夹紧检测		12	Q2.1		
13	I1.4	手爪下降到位检测		13	Q2.2		
14	I1.5	手爪上升到位检测		14	Q2.3		
15	I2.0	手爪缩回到位检测		15	Q2.4		
16	I2.1	手爪伸出到位检测		16	Q2.5	黄色指示灯	按钮/指示灯模块
17	I2.2			17	Q2.6	绿色指示灯	
18	I2.3			18	Q2.7	红色指示灯	
19	I2.4	停止按钮	按钮/指示灯模块				
20	I2.5	启动按钮					
21	I2.6	急停按钮					
22	I2.7	单机/联机					

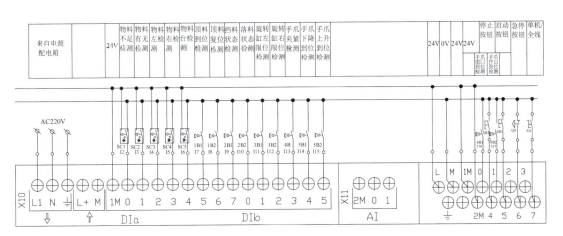

图 3-36 装配单元 PLC 的输入端接线原理图

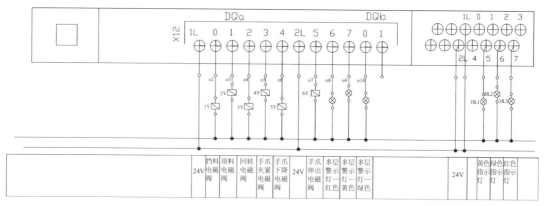

图 3-37 装配单元 PLC 的输出端接线原理图

（2）装配单元的编程

由装配单元的工艺过程可见，控制程序可分为四部分：

① 响应启动、停止、急停等指令。

② 实现把料仓内小圆柱工件送到装配机械手下面的下料控制。

③ 实现装配机械手抓取小圆柱工件，放入大工件中的控制。

④ 装配单元上安装的红、黄、绿三色警示灯，可作为整个系统警示用，具体动作方式由本单元 PLC 程序控制。

3．招式3——人机界面设计

装配单元组态窗口，内容包含：启动、停止、急停按钮、系统运行、系统停止等信息显示，图 3-38 所示为装配单元设计与调试界面。在装配单元界面中还包括挡料电磁阀、顶料电磁阀、回转电磁阀、夹紧电磁阀、下降电磁阀、伸出电磁阀、主机红、黄、绿三色指示灯、物料台检测、物料不足、缺料等一系列的信号显示，实时反映设备的运动过程。

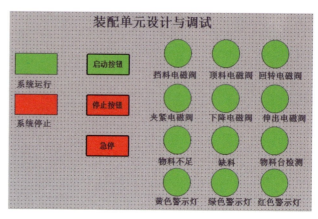

图 3-38 装配单元设计与调试界面

子任务三　装配单元技能训练

1．训练目标

按照装配单元单步控制、自动连续控制和单周期控制的要求，在 6 h 内完成机械、传感器、气路的安装与调试，进行 PLC 程序设计与调试。

2．训练要求

① 熟悉装配单元的功能及结构组成，并能进行正确安装。

② 能够根据控制要求设计气动控制回路原理图，安装气动执行器件并调试。

③ 安装所使用的传感器并进行调试。

④ 查明 PLC 各端口地址，根据要求编写程序，并调试。

3．安装与调试工作计划表

装配单元安装与调试计划时间为 6 h，请根据表 3-12 所示的工作计划表安排计划时间，并填写实际时间。

表 3-12 工作计划表

步　骤	内　　容	计划时间 /h	实际时间 /h	完　成　情　况
1	整个练习的工作计划	0.25		
2	制订安装计划	0.25		
3	线路描述和项目执行图样	1		
4	写材料清单和领料单	0.25		
5	机械部分安装	1		
6	传感器安装	0.25		
7	气路安装	0.5		
8	电路安装	0.25		
9	连接各部分器件	0.25		
10	按质量要求检查整个设备	0.25		
11	项目各部分设备的测试	0.25		
12	对教师发现和提出的问题进行回答	0.25		
13	输入程序，进行整个装置的功能调试	0.5		
14	排除故障	0.25		
15	该任务成绩的评估	0.5		

4．材料清单

请仔细查看器件，根据所选系统及具体情况填写表 3-13 中的物品名称及其规格、数量、产地。

表 3-13 装配单元材料清单

序　号	代　号	物品名称	规　格	数　量	备注（产地）
1		简易料仓			
2		供料机构			
3		回转物料台			
4		机械手			
5		定位机构			
6		光电传感器			
7		PLC			
8		端子排组件			
9		急停按钮			
10		启动/停止按钮			
11		支撑板			
12		阀组			
13		工件漏斗			
14		走线槽			
15		底板			

5．机械部分安装与调试

（1）机械部分安装步骤

① 安装支架。

② 安装小工件投料机构安装板。

③ 安装料仓库。

④ 把三个气缸安装成一体。

⑤ 整体安装到支架上。

⑥ 把回转台安装在旋转气缸上，然后整体安装到旋转气缸底板上。

⑦ 整体安装在底板上。

在完成以上组件（见图3-39装配单元装配过程的组件）的装配后，把电磁阀组组件安装到底板上，如图3-40所示。

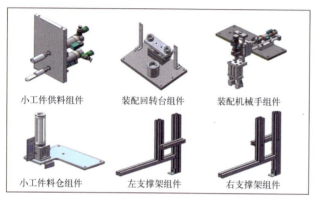

图3-39　装配单元装配过程的组件

图3-40　电磁阀组组件在底板上的安装

然后把图3-39中的组件逐个安装上去，顺序为：左、右支撑架组件→装配回转台组件→小工件料仓组件→小工件供料组件→装配机械手组件。

最后，安装警示灯及各传感器，从而完成装配单元机械部分的安装。

（2）调试注意事项

① 安装时铝型材要对齐。

② 导杠气杠行程要调整恰当。

③ 气动摆台要调整到180°，并且与回转物料台平行。

④ 挡料气缸和顶料气杠位置要正确。

⑤ 传感器位置与灵敏度调整适当。

6．生产工艺流程

① 在单站工作情况下，装配单元上安装的红、黄、绿三色警示灯用于本单元的状态显示和报警显示。按钮/指示灯模块的指示灯暂不使用。

② 各执行部件的初始状态：挡料气缸处于伸出状态，顶料气缸处于缩回状态，料仓上已经有足够的小圆柱零件；装配机械手的升降气缸处于提升状态，伸缩气缸处于缩回状态，气爪处于松开状态；工件装配台上没有待装配工件；急停按钮没有按下。

设备加电和气源接通后，若设备在上述初始状态，则绿色警示灯长亮，表示设备准备好；否则，该警示灯以1 Hz频率闪烁。

③ 若设备准备好，按下启动按钮，装配单元启动，绿色和黄色警示灯均长亮。如果回转台上的左料盘内没有小圆柱零件，就执行下料操作；如果左料盘内有零件，而右料盘内没有零件，则执行回转台回转操作。

④ 如果回转台上的右料盘内有小圆柱零件且装配台上有待装配工件，执行装配机械手抓取小圆柱零件，放入待装配工件中的控制。

⑤ 完成装配任务后，装配机械手应返回初始位置，等待下一次装配。

⑥ 若在运行过程中按下停止按钮，则供料机构应立即停止供料，在装配条件满足的情况下，装配单元在完成本次装配后将停止工作。

⑦ 在运行中发生"零件不足"报警时，红色警示灯以1 Hz的频率闪烁，绿色和黄色警示灯长亮；在运行中发生"零件没有"报警时，红色警示灯以亮1 s、灭0.5 s的方式闪烁，黄色警示灯熄灭，绿色警示灯长亮。

⑧ 急停按钮一旦启动，本单元所有机构应立即停止运行；急停按钮复位后，则恢复原来的工作。

要编写满足控制要求、安全要求的控制程序，首先要了解设备的基本结构，其次要清楚各个执行结构之间的准确动作关系，即清楚生产工艺；同时还要考虑安全、效率等因素；最后才是通过编程实现控制功能。装配单元单周期控制工艺流程如图3-41所示，装配单元自动循环控制工艺流程如图3-42所示。

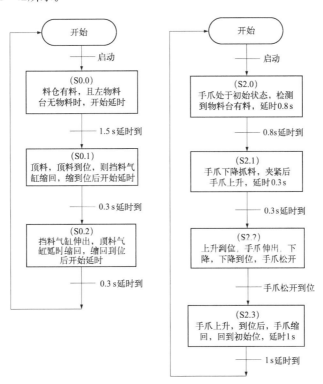

图 3-41　装配单元单周期控制工艺流程

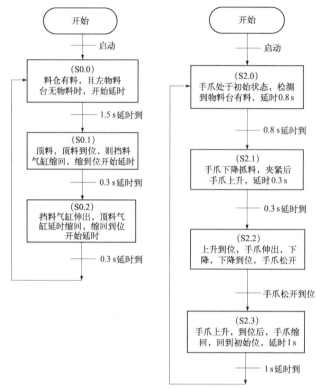

图 3-42 装配单元自动循环控制工艺流程

7．调试运行

在编写、传输、调试程序过程中，进一步了解并掌握设备调试的方法、技巧及注意点。根据表 3-14 所示填写调试运行记录表。

表 3-14 调试运行记录表

操作步骤	观察项目及结果										
	光电开关（回转台检测）	光纤传感器（料台检测）	光电开关（料仓有无）	光电开关（料仓满）	手爪气缸	回转气缸	挡料气缸	回转气缸	顶料气缸	水平导杆气缸	上下导杆气缸

教师、学生可根据表 3-15 进行评分。

表 3-15 评 分 表

评分表 ___学年		工作形式 □个人 □小组分工 □小组	实际工作时间 ___	
训练项目	训练内容	训练要求	学生自评	教师评分
装配单元	1. 工作计划和图样（20分） 工作计划； 材料清单； 气路图； 电路图； 程序清单	电路绘制有错误，每处扣 0.5 分；机械手装置运动的限位保护没有设置或绘制有错误，扣 1.5 分；主电路绘制有错误，每处扣 0.5 分；电路图形符号不规范，每处扣 0.5 分，最多扣 2 分		
	2. 部件安装与连接（20分）	装配未能完成，扣 2.5 分；装配完成，但有紧固件松动现象，每处扣 1 分		
	3. 连接工艺（20分） 电路连接及工艺； 气路连接及工艺； 机械安装及装配工艺	端子连接、插针压接不牢或超过两根导线，每处扣 0.5 分，端子连接处没有线号，每处扣 0.5 分，两项最多扣 3 分；电路接线没有绑扎或电路接线凌乱，扣 2 分；机械手装置运动的限位保护未接线或接线错误，扣 1.5 分；气路连接未完成或有错，每处扣 2 分；气路连接有漏气现象，每处扣 1 分；气缸节流阀调整不当，每处扣 1 分；气管没有绑扎或气路连接凌乱，扣 2 分		
	4. 测试与功能（30分） 夹料功能； 送料功能； 整个装置全面检测	启动/停止方式不按控制要求，扣 1 分；运行测试不满足要求，每处扣 0.5 分；工件送料测试，但推出位置明显偏差，每处扣 0.5 分		
	5. 职业素养与安全意识（10分）	现场操作安全保护符合安全操作规程；工具摆放、包装物品、导线线头等的处理符合职业岗位的要求；团队合作有分工有合作，配合紧密；遵守纪律，尊重教师，爱惜设备和器材，保持工位的整洁		

装配单元上安装的红、黄、绿三色警示灯是作为整个系统警示用的。想一想，在本单元控制中，警示灯的作用是什么？

知识、技能归纳

通过训练，熟悉了装配单元的结构，亲身实践、了解了气动机械手、回转气缸控制技术、传感器技术、PLC 控制技术的应用，并且将它们有机融合在一起，从而体验了机电一体化控制技术的具体应用。

工程素质培养

掌握工程工作方法，培养严谨的工作作风。

任务四 分拣单元的安装与调试

 任务目标

1. 能在规定时间完成分拣单元的安装和调试；
2. 能根据控制要求进行分拣单元控制程序设计和调试；
3. 能解决自动化生产线安装与运行过程中出现的常见问题。

我已经学习了供料单元、加工单元和装配单元三个套路。师傅，第四个套路是什么？

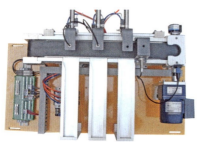

图3-43 分拣单元

这就是第四个套路：分拣单元，看看图3-43吧！

在这个套路中你需要练就一下功夫：根据分拣单元功能进行气动、控制电路设计，并按照正确的步骤进行安装与调试。

子任务一 初步认识分拣单元

分拣单元是自动化生产线中的最末单元，用于对上一单元送来的已加工、装配的工件进行分拣，并使不同颜色的工件从不同的物料槽分流。当输送单元送来的工件被放到传送带上并被入料口光电传感器检测到时，变频器即可启动，工件开始送入分拣单元进行分拣。

1. 分拣单元的结构组成

分拣单元的结构组成如图3-44所示。其主要结构组分为：传送和分拣机构、传动机构、变频器模块、电磁阀组、接线端口、PLC模块、底板等。传送和分拣机构用于传送已经加工、装配好的工件，并在金属传感器和光纤传感器检测到并进行分拣。它主要由传送带、物料槽、推料（分拣）气缸、漫射式光电传感器、旋转编码器、金属传感器、光纤传感器、磁感应接近式传感器组成。

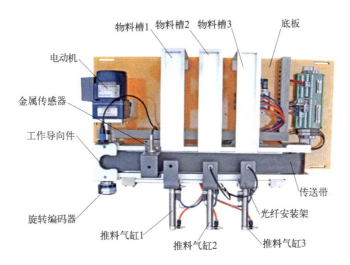

图 3-44 分拣单元的结构组成

传送带用于传送机械手输送过来加工好的工件至分拣单元。导向件是用纠偏机械手输送过来的工件。三条物料槽分别用于存放加工好的金属、黑色工件和白色工件。

传送和分拣的工作过程：本单元的功能是将装配单元送来的装配好的工件进行分拣。当输送单元送来工件放到传送带上并为入料口漫射式光电传感器检测到时，将信号传输给PLC，通过PLC的程序启动变频器，电动机运转驱动传送带工作，把工件带进分拣区，如果进入分拣单元工件为金属，则检测金属工件的接近开关动作，作为1号槽推料气缸启动信号，将金属工件推到1号槽里；如果进入分拣单元工件为白色，则检测白色工件的光纤传感器动作，作为2号槽推料气缸启动信号，将白色工件推到2号槽里；如果进入分拣区工件为黑色，检测黑色工件的光纤传感器动作工作，作为3号槽推料气缸启动信号，将黑色工件推到3号槽里。

在每个物料槽的对面都装有推料（分拣）气缸，把分拣出的工件推到对号的料槽中。在三个推料（分拣）气缸的前极限位置分别装有磁感应接近开关，PLC的自动控制可根据该信号来判别分拣气缸当前所处位置。当推料（分拣）气缸将物料推出时磁感应接近开关动作，输出信号为1；反之，输出信号为0。

安装、调试分拣机构的注意事项：

① 安装分拣单元的二个气缸时，一是要注意安装位置，应使工件从料槽中间被推入；二是要注意安装水平，否则有可能推翻工件。

② 为了准确且平稳地把工件从滑槽中间推出，需要仔细地调整三个分拣气缸的位置和气缸活塞杆的伸出速度。

③ 在传送带入料口位置装有漫射式光电传感器，用以检测是否有工件输送过来并进行分拣。有工件时，漫射式光电传感器将信号传输给 PLC，用户 PLC 程序输出启动变频器信号，从而驱动三相减速电动机启动，将工件输送至分拣单元。该光电开关灵敏度的调整以能在传送带上方检测到工件为准，过高的灵敏度会引入干扰。

④ 在传送带上方分别装有两个光纤传感器。光纤传感器由光纤检测头、光纤放大器两部分组成，光纤放大器和光纤检测头是分离的两个部分，光纤检测头的尾端部分分成两条光纤，使用时分别插入光纤放大器的两个光纤孔。光纤式光电接近开关的放大器的灵敏度调节范围较

大。当光纤传感器灵敏度调得较小时，对于反射性较差的黑色工件，光电探测器无法接收到反射信号；而对于反射性较好的白色工件，光电探测器就可以接收到反射信号；反之，若调高光纤传感器灵敏度，则即使对反射性较差的黑色工件，光电探测器也可以接收到反射信号，从而可以通过调节灵敏度判别黑白两种颜色工件，将两种工件区分开，从而完成自动分拣工序。

2．传动机构

传动机构如图3-45所示。它采用的三相减速电动机用于拖动传送带从而输送物料。它主要由电动机安装支架、减速电动机、联轴器等组成。

电动机是传动机构的主要部分，电动机转速的快慢由变频器来控制，其作用是带动传送带从而输送物料。电动机安装支架用于固定电动机；联轴器用于把电动机的轴和传送带主动轮的轴连接起来，从而组成一个传动机构。

在安装和调整传动机构时，要注意如下两点：

① 传动机构安装基线（导向器中心线）与输送单元滑动导轨中心线重合。

② 电动机的轴和输送带主动轮的轴重合。

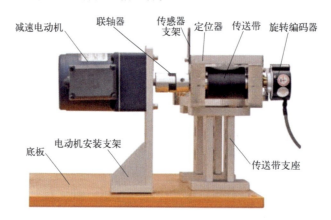

图3-45 传动机构

子任务二 分拣单元的控制

1．招式1——气动控制

本单元气动控制回路的工作原理如图3-46所示。图中1A、2A和3A分别为分拣气缸1、分拣气缸2和分拣气缸3。1B1、2B1和3B1分别为安装在各分拣气缸的前极限工作位置的磁感应接近开关。1Y1、2Y1和3Y1分别为控制三个分拣气缸电磁阀的电磁控制端。

分拣单元的电磁阀组使用了三个二位五通的带手控开关的单向电控电磁阀，它们安装在汇流板上。这三个阀分别对金属、白料和黑料推动气缸的气路进行控制，以改变各自的动作状态。

2．招式2——PLC控制

（1）PLC的I/O接线

本单元中，传感器信号占用9个输入点（包括1个光电开关、1个光纤传感器、1个金属传感器、3个磁性开关和1个旋转编码器），输出点数为8个,其中2个输出点提供给变频器使用。选用西门子S7-1200 CPU1214C AC/DC/RLY主单元+SB1232模拟量输出信号板，224XP

AC/DC/RLY 作为主单元，共 14 点输入和 12 点继电器输出，如表 3-16 所示。

由 PLC 进行变频器的启动/停止操作、物料颜色属性的判别及相应的推出操作。在物料被推出后，推杆伸出运动可能产生干扰信号，致使推出操作反复进行，为此应采取相应的屏蔽措施。

如果希望增加变频器的控制点数，可把 Q0.4、Q0.5 和 Q0.6 分配给分拣气缸电磁阀，而把 Q0.0～Q0.2 分配给变频器的 5、6、7 号控制端子。

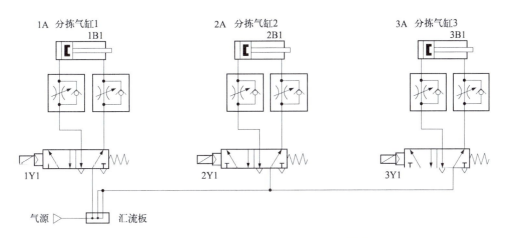

图 3-46 分拣单元气动控制回路的工作原理

表 3-16 分拣单元 PLC 的 I/O 信号表

输入信号				输出信号			
序号	PLC输入点	信号名称	信号来源	序号	PLC输出点	信号名称	信号来源
1	I0.0	编码器 A 相	装置侧	1	Q0.0	变频器控制电动机正转	装置侧
2	I0.1	编码器 B 相		2	Q0.1	变频器控制电动机反转	
3	I0.2	编码器 Z 相		3	Q0.2	推杆一电磁阀	
4	I0.3	物料口检测传感器		4	Q0.3	推杆二电磁阀	
5	I0.4	金属传感器检测		5	Q0.4	推杆三电磁阀	
6	I0.5	光纤传感器检测		6	Q0.5		
7	I0.6			7	Q0.6		
8	I0.7	推杆一到位检测		8	Q0.7	黄色指示灯	按钮/指示灯端子排
9	I1.0	推杆二到位检测		9	Q1.0	绿色指示灯	
10	I1.1	推杆三到位检测		10	Q1.1	红色指示灯	
11	I1.2	停止按钮	按钮/指示灯端子排	11	0M	模拟量输出公共端	
12	I1.3	启动按钮		12	0	变频器频率给定	
13	I1.4	急停按钮					
14	I1.5	单机/联机					

分拣单元 PLC 的 I/O 接线原理图如图 3-47 所示。

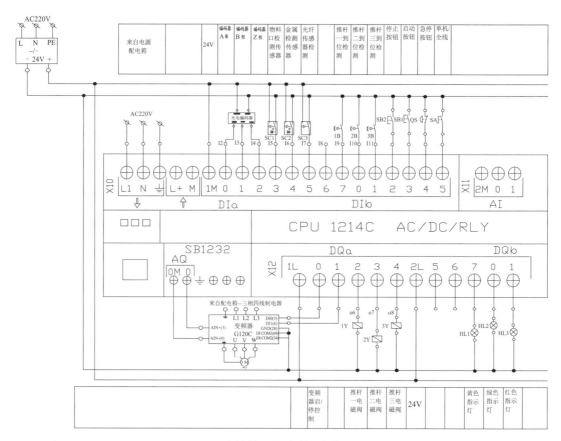

图 3-47 分拣单元 PLC 的 I/O 接线原理图

(2) 分拣单元控制工艺要求

分拣单元与前述几个单元电气接线方法有所不同，该单元的变频器模块是安装在抽屉式模块放置架上的。因此，该单元 PLC 输出到变频器控制端子的控制线，须首先通过接线端口连接到实训台面上的接线端子排上，然后用安全导线插接到变频器模块上。同样，变频器的驱动输出线也须首先用安全导线插接到实训台面上的接线端子排插孔侧，再由接线端子排连接到三相交流电动机上。

分拣单元需要完成在传送带上把不同颜色的工件从不同的滑槽分流的任务。为了使工件能被准确地推出，光纤传感器灵敏度的调整、变频器参数（运转频率、斜坡下降时间等）的设置及软件编程中定时器设定值的设置等应相互配合。

3. 招式3——人机界面设计

分拣单元监控界面包含启动、停止、急停按钮，分拣完成白芯工件、黑芯工件、金属工件累积计数、推杆一电磁阀、推杆二电磁阀、推杆三电磁阀、物料口检测、金属检测、光纤检测、推杆一、推杆二、推杆三是否到位等一系列的信号显示，实时反映设备的运动全过程。分拣单元设计与调试界面如图 3-48 所示。

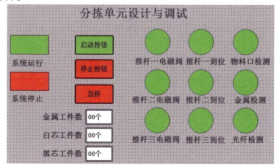

图 3-48 分拣单元设计与调试界面

子任务三　分拣单元技能训练

1．训练目标
按照分拣单元工艺要求，进行机械部分安装与调试，设计手动控制程序和自动连续运行程序，并且进行调试。

2．训练要求
① 熟悉分拣单元的功能及结构组成，并能进行正确安装。
② 能够根据控制要求设计气动控制回路原理图，安装气动执行器件并调试。
③ 安装所使用的传感器并进行调试。
④ 查明 PLC 各端口地址，根据要求编写程序，并调试。

3．安装与调试工作计划表
分拣单元安装与调试时间计划时间为 4 h，请根据表 3-17 所示的工作计划表安排计划时间，并填写实际时间。

表 3-17　安装与调试工作计划表

步　骤	内　　容	计划时间 /h	实际时间 /h	完成情况
1	整个练习的工作计划	0.25		
2	制订安装计划	0.25		
3	线路描述和项目执行图样	0.5		
4	写材料清单和领料单	0.25		
5	机械部分安装	0.25		
6	传感器安装	0.25		
7	气路安装	0.25		
8	电路安装	0.25		
9	连接各部分器件	0.25		
10	按质量要求检查整个设备	0.25		
11	项目各部分设备的测试	0.25		
12	对教师发现和提出的问题进行回答	0.25		
13	输入程序，进行整个装置的功能调试	0.25		
14	排除故障			
15	该任务成绩的评估	0.25		

4．材料清单
请仔细查看器件，根据所选系统及具体情况填写表 3-18 中的规格、数量、产地。

表 3-18　分拣单元材料清单

序　号	代　号	物品名称	规　格	数　量	备注（产地）
1		编码器			
2		PLC			
3		端子排组件			
4		急停按钮			
5		启动/停止按钮			
6		漫射式光电传感器			
7		光纤传感器			
8		金属传感器			

续表

序 号	代 号	物品名称	规 格	数 量	备注（产地）
9		走线槽			
10		磁性开关			
11		光电传感器			
12		变频器			
13		电动机			

5．机械部分安装与调试

（1）机械部分安装步骤

① 先把支架、输送带定位，然后进行整体安装。

② 传感器支架、气缸支架安装。

③ 安装三个气缸。

④ 料槽安装，根据气缸位置调整，一般与料槽支架两边平衡。

⑤ 安装电动机。

⑥ 装调位置，将三个气缸调整到料槽中间。

（2）调试

请独立完成表 3-19 所示调试项目表。

表 3-19　调试项目表

调 试 项 目	调试注意事项
三个气缸调试	
传动机构调试	
光电开关调试	
光纤传感器调试	
变频器设定与调试	

6．生产工艺流程

作为独立设备被控制时，需要有工件。工件可通过人工方式放置金属和黑白两种颜色的方法来解决，只要工件放置在工件导向件处即可。具体过程如下：

① 初始状态：设备加电和气源接通后，若工作单元的三个气缸满足初始位置要求，则"正常工作"指示灯HL1长亮，表示设备准备好；否则，该指示灯以1 Hz 频率闪烁。

② 若设备准备好，按下启动按钮，系统启动，"设备运行"指示灯HL2长亮。当传送带入料口人工放下已装配的工件时，变频器即可启动，驱动传动电动机以30 Hz频率把工件带往分拣区。

③ 如果金属工件上的小圆柱工件为白色，则该工件对到达1号滑槽中间，传送带停止，工件对被推到1号槽中；如果塑料工件上的小圆柱工件为白色，则该工件对到达2号滑槽中间，传送带停止，工件对被推到2号槽中；如果工件上的小圆柱工件为黑色，则该工件对到达3号滑槽中间，传送带停止，工件对被推到3号槽中。工件被推出滑槽后，该工作单元的一个工作周期结束。仅当工件被推出滑槽后，才能再次向传送带下料。

如果在运行期间按下停止按钮，该工作单元在本工作周期结束后停止运行。

要编写满足控制要求、安全要求的控制程序，首先要了解设备的基本结构；其次要清楚各个执行结构之间的准确动作关系，即生产工艺；同时还要考虑安全、效率等因素；最后才是通过编程实现控制功能。分拣单元单周期控制工艺流程如图3-49所示，分拣单元自动循环控制工艺流程如图3-50所示。

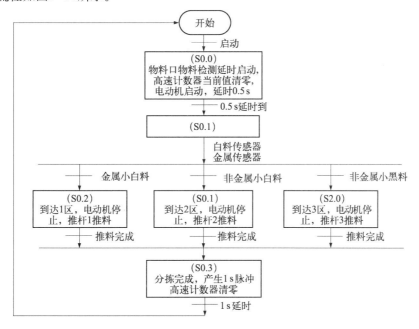

图3-49 分拣单元单周期控制工艺流程

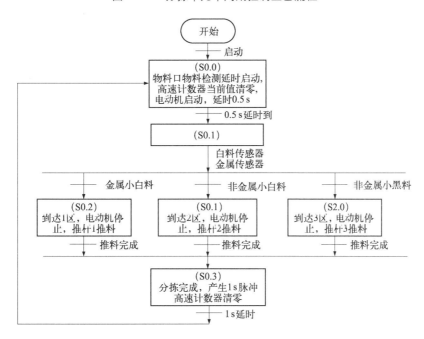

图3-50 分拣单元自动循环控制工艺流程

7. 调试运行

在编写、传输、调试程序过程中，进一步了解并掌握设备调试的方法、技巧及注意点。根据表3-20所示填写调试运行记录表。

表 3-20　调试运行记录表

操作步骤	观察项目及结果									
	金属传感器	光纤1SC1黑检	光纤2SC2白检	光电传感器	电动机	气缸1	气缸2	气缸3	气缸1磁性开关	气缸2磁性开关	气缸3磁性开关
按下启动/停止按钮											
放置金属工件											
放置黑色工件											
放置白色工件											
按下急停按钮											
复位急停											
再次按下启动/停止按钮											

教师、学生可根据表 3-21 进行评分。

表 3-21　评　分　表

评分表 ____学年		工作形式 □个人　□小组分工　□小组	实际工作时间 ____	
训练项目	训练内容	训练要求	学生自评	教师评分
分拣单元	1. 工作计划和图样（20分） 工作计划； 材料清单； 气路图； 电路图； 程序清单	电路绘制有错误，每处扣0.5分；机械手装置运动的限位保护位没有设置或绘制有错误，扣1.5分；主电路绘制有错误，每处扣0.5分；电路图形符号不规范，每处扣0.5分，最多扣2分		
分拣单元	2. 部件安装与连接（20分）	装配未能完成，扣2.5分；装配完成，但有紧固件松动现象，每处扣1分		
	3. 连接工艺（20分） 电路连接及工艺； 气路连接及工艺； 机械安装及装配工艺	端子连接、插针压接不牢或超过两根导线，每处扣0.5分；端子连接处没有线号，每处扣0.5分，两项最多扣3分；电路接线没有绑扎或电路接线凌乱，扣2分；机械手装置运动的限位保护未接线或接线错误，每处扣1.5分；气路连接未完成或有错，每处扣2分；气路连接有漏气现象，每处扣1分；气缸节流阀调整不当，每处扣1分；气管没有绑扎或气路连接凌乱，扣2分		
	4. 测试与功能（30分） 夹料功能； 送料功能 整个装置全面检测	启动/停止方式不按控制要求，扣1分；运行测试不满足要求，每处扣0.5分；具备送料功能，但推出位置明显偏差，每处扣0.5分		
	5. 职业素养与安全意识（10分）	现场操作安全保护符合安全操作规程；工具摆放、包装物品、导线线头等的处理符合职业岗位的要求；团队合作有分工有合作，配合紧密；遵守纪律，尊重教师，爱惜设备和器材，保持工位的整洁		

想一想，如何使用编码器定位完成精确分拣？如何使用编码器在触摸屏中反映变频电动机速度？

知识、技能归纳

通过训练，熟悉了分拣单元的结构，亲身实践、了解了气动控制技术、传感器技术、PLC控制技术的应用，并且将它们有机融合在一起，从而体验了机电一体化控制技术的具体应用。

工程素质培养

掌握工程工作方法，培养严谨的工作作风。

任务五 输送单元的安装与调试

1. 能在规定时间完成输送单元的安装和调试;
2. 能根据控制要求进行输送单元控制程序设计和调试;
3. 能解决自动化生产线安装与运行过程中出现的常见问题。

输送单元是自动化生产线中最为重要,同时也是承担任务最为繁重的工作单元。该单元主要是驱动抓取机械手装置精确定位到指定单元的物料台,并在物料台上抓取工件,然后把抓取到的工件输送到指定地点后放下。

输送单元套路的套路秘诀在于:根据输送单元功能进行气动、控制电路设计,并按照正确步骤进行安装与调试。

子任务一 初步认识输送单元

输送单元由抓取机械手装置、伺服传动组件、PLC 模块、按钮/指示灯模块和接线端子排等部件组成。

1. 抓取机械手装置

抓取机械手装置是一个能实现四种自由度运动(即升降、伸缩、气动手指夹紧/松开和沿垂直轴旋转的四维运动)的工作单元。该装置被整体安装在伺服传动组件的滑动溜板上,并在传动组件带动下整体做直线往复运动,定位到其他各工作单元的物料台,然后完成抓取和放下工件的功能。其结构如图 3-51 所示。

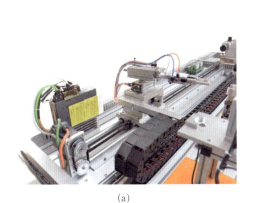
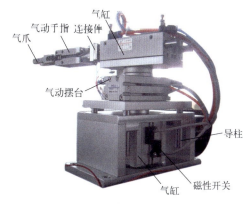

(a)　　　　　　　　　　　　　　(b)

图 3-51 抓取机械手装置结构图

> 看一看，想一想，抓取机械手装置由哪几部分组成？

具体构成介绍如下：

① 气动手指：双作用气缸，由一个二位五通双向电控电磁阀控制，带状态保持功能，用于各个工作单元抓物搬运。双向电控电磁阀工作原理类似双稳态触发器，即输出状态由输入状态决定，如果输出状态确认了，即使无输入状态，双向电控电磁阀一样保持被触发前的状态。

② 双杆气缸：双作用气缸，由一个二位五通单向电控电磁阀控制，用于控制手爪伸出缩回。

③ 回转气缸：双作用气缸，由一个二位五通双向电控电磁阀控制，用于控制手臂正反向90°旋转，气缸旋转角度可以任意调节，范围为0°～180°，通过节流阀下方两个固定缓冲器进行调整。

④ 提升气缸：双作用气缸，由一个二位五通单向电控电磁阀控制，用于整个机械手的提升与下降。以上气缸的运行速度由进气口节流阀调整进气量来进行调节。

2．伺服传动组件

伺服传动组件用于拖动抓取机械手装置做往复直线运动，完成精确定位的功能。图3-52所示是该组件的正视和俯视示意图。在图中，抓取机械手装置已经安装在组件的滑动溜板上。

传动组件由伺服电动机，同步轮，同步带，直线导轨，滑动溜板，拖链和原点开关，左、右极限开关组成。

伺服电动机由伺服驱动器驱动，通过同步轮和同步带带动滑动溜板沿直线导轨做往复直线运动，从而带动固定在滑动溜板上的抓取机械手装置做同样的运动。

抓取机械手装置上所有气管和导线沿拖链敷设，进入线槽后分别连接到电磁阀组和接线端子排组件上。

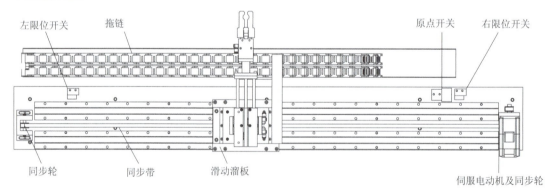

图3-52 伺服传动组件的正视和俯视示意图

原点开关是一个无触点的电感式接近传感器，用来提供直线运动的起始点信号。它被直接安装在工作台上。

左、右极限开关用于提供越程故障时的保护信号，当滑动溜板在运动中越过左或右极限位置时，极限开关会动作，从而向系统发出越程故障信号。

3. 按钮/指示灯模块

按钮/指示灯模块被放置在抽屉式模块放置架上，面板布置如图 3-53 所示。模块上的指示灯和按钮的端脚全部引到端子排上。

模块盒上器件包括：

① 指示灯（DC 24 V）：黄色（HL1）、绿色（HL2）、红色（HL3）各一个。

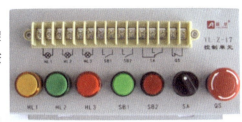

图 3-53 按钮/指示灯模块面板布置

② 主令器件：绿色常开按钮SB1一个，红色常开按钮SB2一个，选择开关SA（一对转换触点），急停按钮QS（一个常闭触点）。

子任务二 输送单元的控制

1. 招式1——气动控制

输送单元的抓取机械手装置上的所有气缸连接的气管沿拖链敷设，插接到电磁阀组上，其气动控制回路的工作原理如图 3-54 所示。

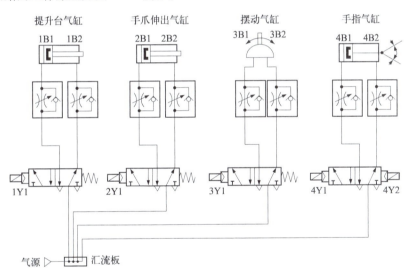

图 3-54 输送单元气动控制回路的工作原理

在气动控制回路中，驱动气动手指气缸的电磁阀采用二位五通双向电控电磁阀，其外形如图 3-55 所示。

图 3-55 双向电控电磁阀外形

双向电控电磁阀与单向电控电磁阀的区别在于：对于单向电控电磁阀，在无电控信号时，阀芯在弹簧力的作用下会被复位；而对于双电控电磁阀，在两端都无电控信号时，阀芯的位置取决于前一个电控信号。

2. 招式2——PLC控制

输送单元所需的I/O点较多。其中，输入信号包括来自按钮/指示灯模块的按钮、开关等主令信号，单元各构件的传感器信号等；输出信号包括输出到抓取机械手装置各电磁阀的控制信号和输出到伺服驱动器的脉冲信号和驱动方向信号；此外，还要考虑在需要时输出信号到按钮/指示灯模块的指示灯等，以显示本单元或系统的工作状态。

由于需要输出驱动伺服的高速脉冲，PLC应采用晶体管输出型。基于上述考虑，选用西门子S7-1200 CPU1214C DC/DC/DC 主单元+SM1223 DC/RLY，共22点输入，10点晶体管输出，8点继电器输出，如表3-22所示。

表3-22 输送单元的PLC的I/O地址分配

输入信号				输出信号			
序号	PLC输入点	信号名称	信号来源	序号	PLC输出点	信号名称	信号来源
1	I0.0	原点传感器检测	装置侧	1	Q0.0	脉冲	装置侧
2	I0.1	右限位保护		2	Q0.1	方向	
3	I0.2	左限位保护		3	Q0.2		
4	I0.3	机械手抬升下限检测		4	Q0.3	抬升台上升电磁阀	
5	I0.4	机械手抬升上限检测		5	Q0.4	回转气缸左旋电磁阀	
6	I0.5	机械手旋转左限检测		6	Q0.5	回转气缸右旋电磁阀	
7	I0.6	机械手旋转右限检测		7	Q0.6	手爪伸出电磁阀	
8	I0.7	机械手伸出检测		8	Q0.7	手爪夹紧电磁阀	
9	I1.0	机械手缩回检测		9	Q1.0	手爪放松电磁阀	
10	I1.1	机械手夹紧检测		10	Q1.1		
11	I1.2	伺服报警		11	Q2.5	报警指示	按钮/指示灯模块
12	I1.3			12	Q2.6	运行指示	
13	I1.4			13	Q2.7	停止指示	
14	I1.5						
15	I2.4	停止按钮	按钮/指示灯模块				
16	I2.5	启动按钮					
17	I2.6	急停按钮					
18	I2.7	方式选择					

由图3-56可见，左右两极限开关LK2和LK1的动合触点分别连接到PLC输入点I0.2和I0.1。必须注意的是，LK2、LK1均提供一对转换触点，它们的静触点应连接到公共点COM，而动断触点必须连接到伺服驱动器的控制端口的CCWL（7脚）和CWL（8脚）作为硬件联锁保护，目的是防范由于程序错误引起的冲击极限故障而造成设备损坏。接线时务必请注意。

晶体管输出的S7-1200系列PLC，供电电源采用DC 24 V的直流电源，与前面各工作单元的继电器输出的PLC不同。接线时也请注意，千万不要把AC 220 V电源连接到其电源输入端。

输送单元PLC的输出端接线原理图如图3-57所示。

输送单元抓取机械手装置控制和伺服定位控制基本上是顺序控制：伺服驱动抓取机械手装置从某一起始点出发，到达某一个目标点，然后抓取机械手按一定的顺序操作，完成抓取或放下工件的任务。因此，输送单元程序控制的关键点是伺服的定位控制。

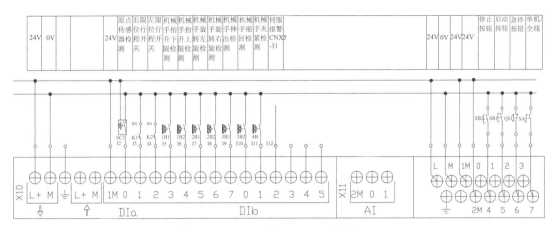

图 3-56 输送单元 PLC 的输入端接线原理图

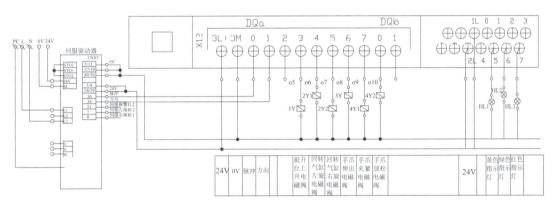

图 3-57 输送单元 PLC 的输出端接线原理图

3. 招式3——人机界面设计

输送单元监控界面包含启动、停止、急停按钮、系统运行、系统停止、上升电磁阀、左旋电磁阀、右旋电磁阀、机械手伸出、缩回、夹紧、原点检测、右限位检测、左限位检测等一系列的信号显示，实时反映设备的运动全过程。输送单元设计与调试界面如图 3-58 所示。

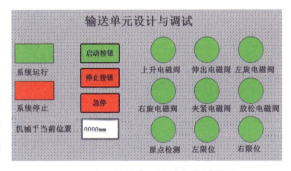

图 3-58 输送单元设计与调试界面

子任务三　输送单元技能训练

1. 训练目标

按照输送单元自动连续控制要求，在 4 h 内完成机械、传感器、气路安装与调试，并进行 PLC 的程序设计与调试。

2. 训练要求

① 熟悉输送单元的功能及结构组成，并能进行正确安装。

② 能够根据控制要求设计气动控制回路原理图，安装气动执行器件并调试。
③ 安装所使用的传感器并进行调试。
④ 伺服驱动器能够正确设定参数。
⑤ 查明 PLC 各端口地址，根据要求编写程序，并调试。

3．安装与调试工作计划表

请根据表 3-23 所示的工作计划表安排计划时间，并填写实际时间。

表 3-23　安装与调试工作计划表

步　骤	内　容	计划时间 /h	实际时间 /h	完　成　情　况
1	整个练习的工作计划	0.25		
2	制订安装计划	0.25		
3	线路描述和项目执行图样	0.25		
4	写材料清单和领料单	0.25		
5	机械部分安装	1		
6	气路安装	0.5		
7	电路安装	0.5		
8	连接各部分器件	0.25		
9	按质量要求检查整个设备	0.25		
10	项目各部分设备的测试	0.25		
11	对教师发现和提出的问题进行回答	0.25		
12	输入程序，进行整个装置的功能调试	1		
13	排除故障	0.25		
14	该任务成绩的评估	0.25		

4．材料清单

请仔细查看器件，根据所选系统及具体情况填写表 3-24 中的规格、数量、产地。

表 3-24　输送单元材料清单

序　号	代　号	物品名称	规　格	数　量	备注（产地）
1		回转气缸			
2		手爪伸出夹紧气缸			
3		提升气缸			
4		电磁阀			
5		直线运动机构			
6		伺服电动机			
7		PLC			
8		伺服放大器			
9		急停按钮			
10		启动、停止按钮			
11		原点接近开关			
12		左、右极限开关			
13		同步轮			
14		同步带			
15		滑动溜板			

5．机械部分安装与调试

① 先把支架、输送带定位，然后进行整体安装。

② 传感器支架、气缸、支架安装。

③ 安装两个气缸。

④ 料槽安装，根据气缸位置调整，一般与料槽支架两边平衡。

⑤ 安装电动机。

⑥ 装调位置，先拆后装，气缸调整到料槽中间。

6．生产工艺流程

① 输送单元在通电后，按下复位按钮 SB1，执行复位操作，使抓取机械手装置回到原点位置。在复位过程中，"正常工作"指示灯 HL1 以 1 Hz 的频率闪烁。

当抓取机械手装置回到原点位置，且输送单元各个气缸满足初始位置的要求时，则复位完成，"正常工作"指示灯 HL1 长亮。按下起动按钮 SB2，设备启动，"设备运行"指示灯 HL2 也长亮，开始功能测试过程。

② 抓取机械手装置从供料单元出料台抓取工件，抓取的顺序：手臂伸出→手爪夹紧抓取工件→提升台上升→手臂缩回。

③ 抓取动作完成后，伺服电动机驱动机械手装置向加工单元移动，移动速度不小于 300 mm/s。

④ 机械手装置移动到加工单元物料台的正前方后，即把工件放到加工单元物料台上。抓取机械手装置在加工单元下工件的顺序：手臂伸出→提升台下降→手爪松开放下工件→手臂缩回。

⑤ 放下工件动作完成 2 s 后，抓取机械手装置执行抓取加工单元工件的操作。抓取的顺序与供料单元抓取工件的顺序相同。

⑥ 抓取动作完成后，伺服电动机驱动机械手装置移动到装配单元物料台的正前方；然后把工件放到装配单元物料台上，其动作顺序与加工单元放下工件的顺序相同。

⑦ 放下工件动作完成 2 s 后，抓取机械手装置执行抓取装配单元工件的操作。抓取的顺序与供料单元抓取工件的顺序相同。

⑧ 机械手手臂缩回后，摆台逆时针旋转 90°，伺服电动机驱动机械手装置从装配单元向分拣单元运送工件，到达分拣单元传送带上方入料口后把工件放下，动作顺序与加工单元放下工件的顺序相同。

⑨ 放下工件动作完成后，机械手手臂缩回，然后执行返回原点的操作。伺服电动机驱动机械手装置以 400 mm/s 的速度返回，返回 900 mm 后，摆台顺时针旋转 90°，然后以 100 mm/s 的速度低速返回原点停止。

当抓取机械手装置返回原点后，一个测试周期结束。当供料单元的出料台上放置了工件时，再按一次启动按钮 SB2，开始新一轮的测试。

要编写满足控制要求、安全要求的控制程序，首先要了解设备的基本结构；其次要清楚各个执行结构之间的准确动作关系，即清楚生产工艺；同时还要考虑安全、效率等因素；最后才是通过编程实现控制功能。输送单元控制工艺流程如图 3-59 所示。

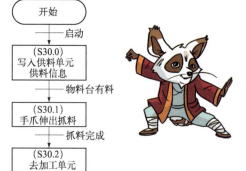
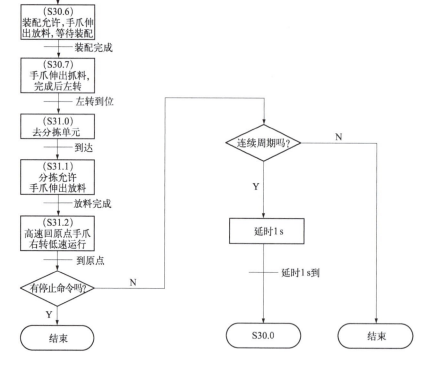

图 3-59 输送单元控制工艺流程

7. 调试运行

在编写、传输、调试控制程序过程中，进一步了解并掌握设备调试的方法、技巧及注意点，培养严谨的作风。根据表 3-25 所示填写调试运行记录。

表 3-25 调试运行记录表

操作步骤	观察项目及结果							
	旋转气缸	气爪	提升气缸	伸出气缸	气爪磁性开关	伸出气缸磁性开关	旋转气缸磁性开关	提升气缸磁性开关
							0°	90°	

教师、学生可根据表 3-26 进行评分。

表 3-26 评 分 表

评 分 表 ＿＿＿学年		工 作 形 式 □个人 □小组分工 □小组	实际工作时间	
训练项目	训练内容	训练要求	学生自评	教师评分
输送单元	1. 工作计划和图样（20分） 工作计划； 材料清单； 气路图； 电路图； 程序清单	电路绘制有错误，每处扣0.5分；机械手装置运动的限位保护位没有设置或绘制有错误，扣1.5分；主电路绘制有错误，每处扣0.5分；电路图形符号不规范，每处扣0.5分，最多扣2分		
	2. 部件安装与连接（20分）	装配未能完成，扣2.5分；装配完成，但有紧固件松动现象，每处扣1分		
	3. 连接工艺（20分） 电路连接及工艺； 气路连接及工艺； 机械安装及装配工艺	端子连接、插针压接不牢或超过两根导线，每处扣0.5分，端子连接处没有线号，每处扣0.5分，两项最多扣3分；电路接线没有绑扎或电路接线凌乱，扣2分；机械手装置运动的限位保护未接线或接线错误扣1.5分；气路连接未完成或有错，每处扣2分；气路连接有漏气现象，每处扣1分；气缸节流阀调整不当，每处扣1分；气管没有绑扎或气路连接凌乱，扣2分		
	4. 测试与功能（30分） 夹料功能； 送料功能； 整个装置全面检测	启动/停止方式不按控制要求，扣1分；运行测试不满足要求，每处扣0.5分；具有送料功能，但推出位置明显偏差，每处扣0.5分		
	5. 职业素养与安全意识（10分）	现场操作安全保护符合安全操作规程；工具摆放、包装物品、导线线头等的处理符合职业岗位的要求；团队有分工有合作，配合紧密；遵守纪律，尊重教师，爱惜设备和器材，保持工位的整洁		

想一想，步进电动机和伺服电动机有何区别？

知识、技能归纳

通过训练，熟悉了输送单元的结构，亲身实践，了解了气动控制技术、传感器技术、PLC控制技术的应用，并将它们有机融合在一起，从而体验了机电一体化控制技术具体应用。

工程素质培养

掌握工程工作方法，培养严谨的工作作风。

第四篇

项目决战——自动化生产线整体安装与调试

扫一扫

课件

通过第二篇项目备战中核心技术的学习,以及第三篇项目迎战中自动化生产线各分站设备安装和各分站 PLC 程序设计的训练,现在以 YL-335B 型自动化生产线为例进行自动化生产线整体的安装与调试。本篇的学习过程体现了职业资格一体化理念。学习任务结束后应达到"可编程序控制系统设计师职业资格证书(三级)"的知识和技能要求。YL-335B 型自动化生产线有供料单元、加工单元、装配单元、分拣单元及输送单元等,五个单元的功能由自动化生产线工作任务书确定,体现了 YL-335B 型自动化生产线更强的柔性。

可编程序控制系统设计师是指从事可编程序控制器(PLC)选型、编程,并对应用系统进行设计、整体集成和维护的人员。

工作内容:

① 进行 PLC 应用系统的总体设计。
② 选择 PLC 模块和确定相关产品的技术规格。
③ 进行 PLC 编程和设置。
④ 进行外围设备参数设定及配套程序设计。
⑤ 进行控制系统的设计、整体集成、调试与维护。

1. 接受任务书

YL-335B 型自动化生产线由供料、加工、装配、分拣和输送五个工作单元组成,各工作单元均配备一台 S7-1200 系列 PLC 来承担其控制任务,各 PLC 之间通过 PROFINET 通信方式实现互联,从而构成分布式的控制系统。

自动化生产线的工作目标如下:

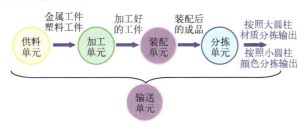

注意事项:

① 系统主令工作信号由连接到输送单元 PLC 的触摸屏人机界面提供。

② 整个系统的主要工作状态在触摸屏的人机界面上显示。

③ 由安装在装配单元的警示灯显示整个生产线的加电复位、启动、停止、报警等工作状态。

④ 具有工作方式选择开关,可对单站和全线两种工作方式进行选择。在单站运行模式下,由各站的控制模块实现单站控制。

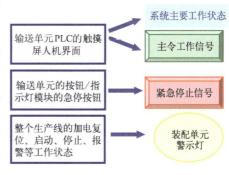

沉着应战!你需要完成以下任务。

2. 工作任务

(1) 设备安装

① 完成各单元装配工作。

② 将各单元安装到工作台上。

(2) 气路连接

① 正确设计、连接气路。

② 使用一台外接气源。

(3) 电路设计和电路连接

① 设计输送单元的电气控制电路并连接供料、加工和装配单元控制电路。

② 预留分拣单元变频器的 I/O 端子设计、连接变频器主电路和控制电路。

③ 连接各单元的 PLC 通信网络。

(4) 程序编制和程序调试

① 编写各单元的 PLC 控制程序。

② 设置输送单元伺服电动机驱动器参数,设置分拣单元的变频器参数。

③ 调整各单元零部件位置,调试所编写的 PLC 控制程序。

④ 触摸屏连接到主站 PLC 编程接口。

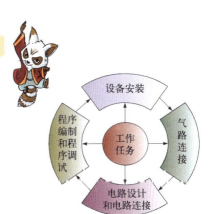

（1）资讯

完成任务，需要的知识：

① 自动化生产线的结构。

② 自动化生产线的核心技术及应用。

③ 自动化生产线各单元安装与调试。

（2）计划与决策

注意事项：

① 安装训练时间，共计 6~8 h，三名参训人员应注意时间的合理分配，并注意分工与协作。

② 学生可根据工作任务书自行设计工作计划。

制订工作计划具体如下：

(3) 实施（略）

任务一　YL-335B型自动化生产线设备安装

 任务目标

1. 能完成YL-335B型自动生产线输送单元的装配；
2. 能完成YL-335B型自动生产线供料单元的装配；
3. 能完成YL-335B型自动生产线加工单元的装配；
4. 能完成YL-335B型自动生产线装配单元的装配；
5. 能完成YL-335B型自动生产线分拣单元的装配。

1．工作任务

首先，按照元件清单检查元件是否齐备，并检测元件质量和状态是否满足要求。完成YL-335B型自动化生产线的供料、加工、装配、分拣和输送单元的部分装配工作，并把这些工作单元安装在YL-335B的工作台上。安装前后的自动化生产线工作台分别如图4-1和图4-2所示。注意：各分单元的结构组件应该按照材料清单进行采集，做到无一遗漏。

图4-1　安装前的空白自动化生产线工作台

图 4-2 安装后的自动化生产线工作台

2. 安装工作步骤

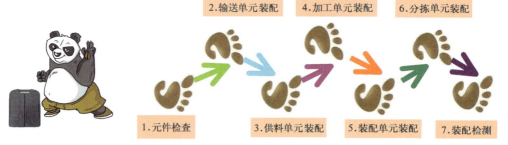

3. 各分站安装位置的确定

具体安装顺序是按照图 4-3 所示的 YL-335B 工作单元安装位置图进行安装的。注意明确各生产单元之间的间距尺寸。

4. 注意事项

① 按照 YL-335B 型自动化生产线工作单元安装位置图开始安装时，在空白的自动化生产线工作台上首先安装输送单元的两根平行直线导轨。

② 将输送单元在工作台上安装好以后，再开始依次固定供料单元、加工单元、装配单元、分拣单元，各单元彼此间距要以 YL-335B 型自动化生产线工作单元安装位置图为准，单位 mm。

③ 以输送单元气动机械手爪完全伸出长度为基准，以其气动摆台旋转 90°、垂直于导轨时手爪中心为基准点，分别与供料单元的物料台挡料导向件中心、加工单元物料台气动手爪的中心、装配单元物料台定位导向座中心对中；分拣单元传送带工件导向件中心与气动摆台旋回的气动机械手爪中心对中，以此确定各单元底板的间距。

④ 经微调后，用地脚螺栓固定在工作台上。地脚螺栓要先初步固定，待位置确定后再固定，要注意底板螺栓对角紧固。

要沉着冷静！否则，出错后再排除故障，会花费很多时间。

子任务一 元件的检查

根据元件清单认真核对元件的型号及规格、数量，并检查元件的质量，确定其是否合格。如果元件有损坏，应及时更换。

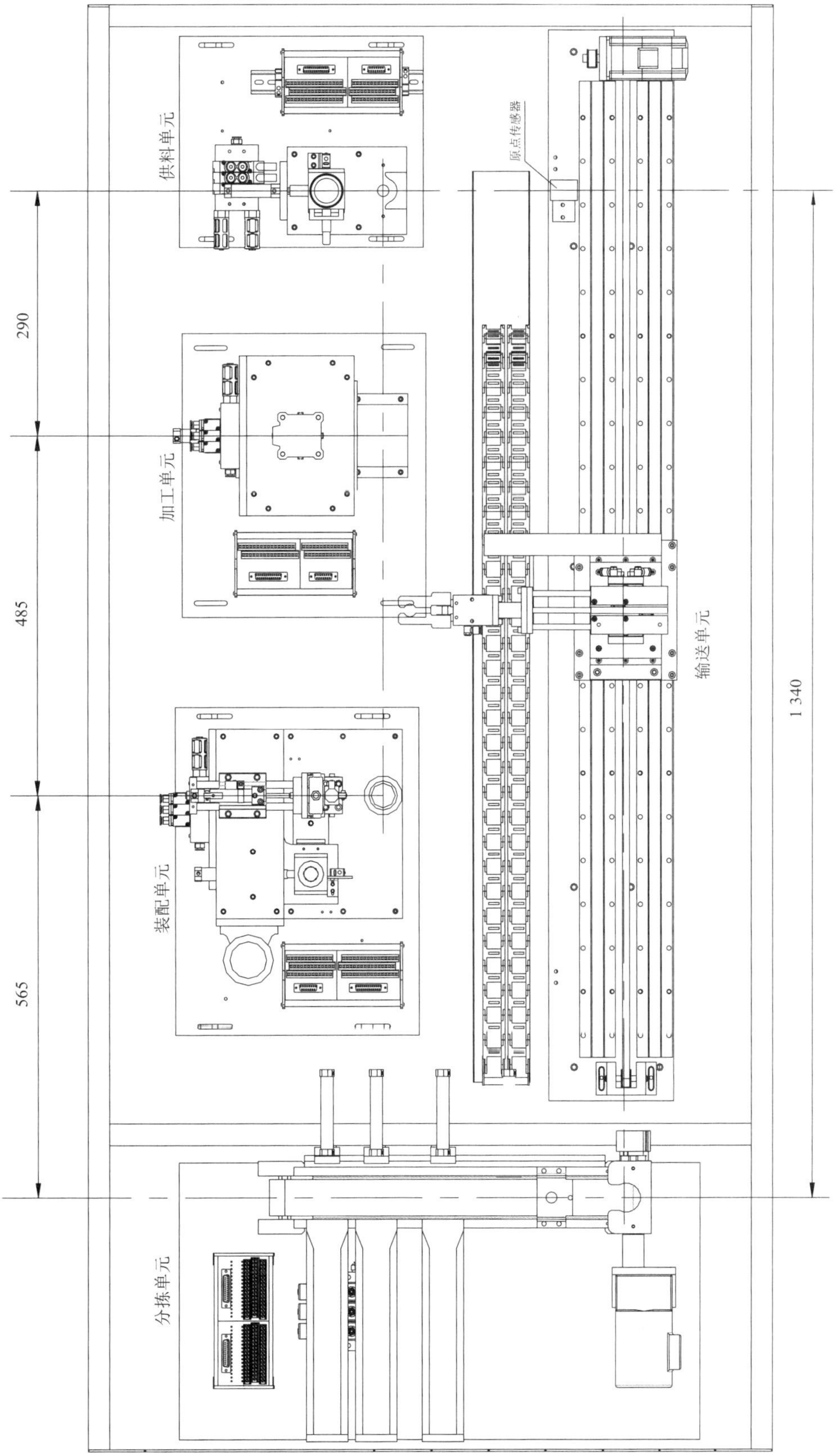

图 4-3　YL-335B 型自动化生产线工作单元安装位置图（单位：mm）

子任务二　YL-335B 型自动化生产线输送单元的装配

按照第三篇项目迎战中自动化生产线输送单元装配训练要求，完成该单元的装配任务。可参考自动化生产线输送单元安装工作步骤进行，并将装配好的输送单元安装到 YL-335B 型自动化生产线的工作台上，如图 4-4 所示。

图 4-4　已安装输送单元的实物效果图

实物效果安装工作步骤如下：

子任务三　YL-335B 型自动化生产线供料单元的装配

按照第三篇项目迎战中自动化生产线供料单元装配训练要求，完成该单元的装配任务。可参考自动化生产线供料单元安装工作步骤进行，并将装配好的供料单元安装到 YL-335B 型自动化生产线的工作台上，如图 4-5 所示。

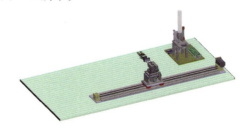

图 4-5　已安装供料单元的实物效果图

安装工作步骤如下：

子任务四　YL-335B 型自动化生产线加工单元的装配

按照第三篇项目迎战中自动化生产线加工单元装配训练要求，完成该单元的装配任务。可参考自动化生产线加工单元安装工作步骤进行，并将装配好的加工单元安装到 YL-335B 型自动化生产线的工作台上，如图 4-6 所示。

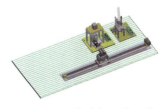

图 4-6　已安装加工单元的实物效果图

安装工作步骤如下：

子任务五　YL-335B 型自动化生产线装配单元的装配

按照第三篇项目迎战中自动化生产线装配单元装配训练要求，完成该单元的装配任务。可参考自动化生产线装配单元安装工作步骤进行，并将装配好的装配单元安装到 YL-335B 型自动化生产线的工作台上，如图 4-7 所示。

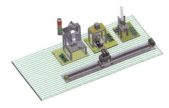

图 4-7　已安装装配单元的实物效果图

安装工作步骤如下：

子任务六　YL-335B 型自动化生产线分拣单元的装配

按照第三篇项目迎战中自动化生产线的分拣单元装配训练要求，完成该单元的装配任务。可参考自动化生产线分拣单元装配计划进行，并将装配好的分拣单元安装到 YL-335B 型自动化生产线的工作台上，如图 4-8 所示。

图 4-8　已安装分拣单元的实物效果图

安装工作步骤如下:

1. 传送带的安装
2. 铝合金框架结构安装
3. 分拣气缸安装
4. 气路电磁阀安装
5. 入料口工件光电传感器安装
6. 光纤传感器安装
7. 金属传感器安装
8. 变频调速电动机安装
9. 旋转编码器安装
10. 接线端口安装

至此,YL-335B 型自动化生产线的各单元在工作台上已经安装完毕。读者可按照表 4-1 所示进行评分。

表 4-1　自动化生产线设备安装考核技能评分表

姓名			同组		开始时间			
专业/班级					结束时间			
项目内容	考核要求	配分	评分标准			扣分	自评	互评
按照元件清单核对元件数量并检查元件质量	1. 正确清点元件数量; 2. 正确检查元件质量	15	1. 材料清点有误,扣2分; 2. 检查元件方法有误,扣2分; 3. 坏的元件没检查出来,扣2分					
供料单元的装配	1. 正确完成装配; 2. 紧固件无松动	10	1. 装配未能完成,扣6分; 2. 装配完成但有紧固件松动现象,扣2分					
加工单元的装配	1. 正确完成装配; 2. 紧固件无松动	10	1. 装配未能完成,扣6分; 2. 装配完成但有紧固件松动现象,扣2分					
装配单元的装配	1. 正确完成装配; 2. 紧固件无松动	10	1. 装配未能完成,扣6分; 2. 装配完成但有紧固件松动现象,扣2分					
分拣单元的装配	1. 正确安装传送带及构件; 2. 正确安装驱动电动机; 3. 紧固件无松动	15	1. 传送带及构件安装位置与要求不符,扣3分; 2. 驱动电动机安装不正确,引起运行时振动,扣5分; 3. 有紧固件松动现象,扣3分					
输送单元的装配	1. 正确装配抓取机械手; 2. 正确调整摆动气缸摆角	15	1. 抓取机械手装置装配不当,扣5分; 2. 摆动气缸摆角调整不恰当,扣5分					
自动化生产线的总体安装	1. 正确安装工作单元; 2. 紧固件无松动	15	1. 工作单元安装位置与要求不符,每处扣1分,最多扣5分; 2. 有紧固件松动现象,扣5分					
职业素养与安全意识	现场操作安全保护符合安全操作规程;工具摆放、包装物品、导线线头等的处理符合职业岗位的要求;团队有分工有合作,配合紧密;遵守赛场纪律,尊重赛场工作人员,爱惜赛场的设备和器材,保持工位的整洁	10	—					
教师点评:			成绩(教师):		总成绩:			

📖 知识、技能归纳

自动化生产线设备的安装步骤:元件检查—输送单元装配—供料单元装配—加工单元装配—装配单元装配—分拣单元装配。

📚 工程素质培养

思考一下:如何能在规定时间完成自动化生产线设备的安装。

任务二　YL-335B型自动化生产线气路的连接

任务目标

1. 能完成YL-335B型自动化生产线主气路连接；
2. 能完成YL-335B型自动化生产线各单元的气路连接。

1. 工作任务

根据第二篇项目备战中学到的气路知识、第三篇项目迎战中各单元气路连接的相关训练以及工作任务书的控制要求完成YL-335B型自动化生产线的气路连接。

2. 气路连接工作计划

气路连接工作计划如表4-2所示，请根据实际情况填写完成情况。

表4-2　气路连接工作计划

子任务	内容	完成情况
一	YL-335B型自动化生产线主气路连接	
二	YL-335B型自动化生产线各单元的气路连接	

子任务一　YL-335B型自动化生产线主气路连接

由系统气源开始，按气路系统原理图用气管连接至各单元电磁阀组。

YL-335B型自动化生产线对气路气源的要求如下：

① 该生产线的气路系统气源是由一台空气压缩机提供的。空气压缩机气缸体积应该大于50 L，流量应大于0.25 mm^2/s，所提供的压力为0.6～1.0 MPa，输出压力为0～0.8 MPa可调。输出的压缩空气通过快速三通接头和气管输送到各工作单元。

② 如图4-9所示，气源的气体须经过一台气源处理组件油水分离器三联件进行过滤，并装有快速泄压装置。

③ 自动化生产线使用压缩空气。自动化生产线的空气工作压力要求为0.6 MPa，要求气体洁净、干燥、无水分、油气、灰尘。

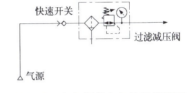

图4-9　主气源的空气处理原理图

④ 注意安全生产。在通气前，应先检查气路的气密性。在确认气路连接正确并且无泄漏的情况下，方能进行通气实验。油水分离器的压力调节旋钮向上拔起右旋，要逐渐增加并注意观察压力表，增加到额定气压后压下锁紧。气流在调试之前要尽量小一点，在调试过程中逐渐加大到适合的气流。

YL-335B型自动化生产线主气路的连接步骤如下：

① 仔细读懂总气路图。

② 将空气压缩机的管路出口，用专用气管与油水分离器的入口连接。

③ 将油水分离器的出口，与主快速三通接头（也可为快速六通接头）的入口连接。

④ 快速三通的出口之一与装配单元电磁阀组汇流排的入口连接。

⑤ 快速三通的出口之一与供料单元电磁阀组汇流排的入口连接。

⑥ 快速三通的出口之一与加工单元电磁阀组汇流排的入口连接。

子任务二　YL-335B 型自动化生产线各单元的气路连接

从油水分离器出口的快速接头开始，进行自动化生产线各单元的气路连接，包括分拣单元的气路连接、装配单元的气路连接、供料单元的气路连接、加工单元的气路连接、输送单元的气路连接。在第三篇项目迎战中已对各单元进行了充分练习，连接好的五个单元的示意图分别如图 4-10 ~ 图 4-14 所示。

注意事项：

① 气路连接要完全按照自动化生产线气路图进行连接。

② 气路连接时，气管一定要在快速接头中插紧，不能够有漏气现象。

③ 气路中的气缸节流阀调整要适当，以活塞进出迅速、无冲击、无卡滞现象为宜，以不推倒工件为准。如果有气缸动作相反，将气缸两端进气管位置颠倒即可。

④ 气路气管在连接走向时，应该按序排布，均匀美观。不能交叉、打折、顺序凌乱。

图 4-10　分拣单元气路连接示意图　　图 4-11　装配单元气路连接示意图　　图 4-12　供料单元气路连接示意图

图 4-13　加工单元气路连接示意图　　　　图 4-14　输送单元气路连接示意图

⑤ 所有外露气管必须用黑色尼龙扎带进行绑扎，松紧程度以不使气管变形为宜，外形美观。

⑥ 电磁阀组与气体汇流板的连接必须在橡胶密封垫上固定，要求密封良好，无泄漏。

⑦ 当回转摆台需要调节回转角度或调整摆动位置精度时，根据要求把回转气缸调成 90°固定角度旋转。调节方法：首先松开调节螺杆上的反扣螺母，通过旋入和旋出调节螺杆，

从而改变回转凸台的回转角度，调节螺杆1和调节螺杆2分别用于左旋和右旋角度的调整。当调整好摆动角度后，应将反扣螺母与基体反扣锁紧，防止调节螺杆松动，从而造成回转精度降低。

教师、学生可按照表4-3所示进行气路连接安装的评分。

表4-3 气路连接安装评分表

姓名		同组		开始时间			
专业/班级				结束时间			
项目内容	考核要求	配分	评分标准	扣分	自评	互评
绘制气路总图	正确绘制气路总图	10	总气路绘制有错误，每处扣0.5分			
绘制各单元气路图	正确绘制各单元气路图	5	气路绘制有误，每处扣1分			
从气泵出来的主气路装配	1. 正确连接气路；2. 气路连接无漏气现象	5	气路连接未完成或有错，每处扣2分 气路连接有漏气现象，每处扣1分			
供料单元气路的装配	正确安装供料单元气路	5	气缸节流阀调整不当，每处扣1分			
加工单元气路的装配	正确安装加工单元气路	5	气路连接有漏气现象，每处扣1分			
装配单元气路的装配	正确安装装配单元气路	5	气路连接有漏气现象，每处扣1分			
分拣单元气路的装配	正确安装分拣单元气路	5	气路连接有漏气现象，每处扣1分			
输送单元气路的装配	正确安装输送单元气路	10	气管没有绑扎或气路连接凌乱，扣2分			
按质量要求检查整个气路	气路连接无漏气现象	10	气路连接有漏气现象，每处扣1分			
各部分设备的测试	正确完成各部分测试	5	每处扣1分			
整个装置的功能调试	成功完成整个装置的功能调试	10	调试未成功，每处扣3分			
如果有故障及时排除	及时排除故障	10	故障未排除，每处扣3分			
对教师发现和提出的问题进行回答	正确回答教师提出的问题	5	未能回答教师提出的问题，每个扣2分			
职业素养与安全意识	现场操作安全保护符合安全操作规程；工具摆放、包装物品、导线线头等的处理符合职业岗位的要求；团队有分工有合作，配合紧密；遵守赛场纪律，尊重赛场工作人员，爱惜赛场的设备和器材，保持工位的整洁	10	—			
教师点评：			成绩（教师）	总成绩：		

知识、技能归纳

YL-335B型自动化生产线主气路连接；YL-335B型自动化生产线各单元的气路连接。

工程素质培养

思考一下：如何能根据工作任务书的要求进行触摸屏界面设置、网络组建及各站控制程序。

任务三　YL-335B型自动化生产线电路设计和电路连接

 任务目标

1．能进行YL-335B型自动化生产线电路图设计；

2．能进行各单元电路的连接。

在任务三中需要根据给出的控制要求设计自动化生产线电路图，并按照电路图正确连接电气元件。

1．工作任务

根据工作任务书中规定的控制要求，进行自动化生产线控制电路图的设计，并按照规定的PLC I/O地址连接电气元件。

要获得可编程序控制系统设计师职业资格证，需要达到的系统硬件配置的能力如表4-4所示。

表4-4　可编程序控制系统设计师职业资格证对系统硬件配置能力要求

工作内容	能力要求	相关知识
设备选型	1．能根据输入/输出点容量、程序容量及扫描速度选取PLC型号； 2．能根据技术指标选取开关量输入/输出单元； 3．能根据技术指标选取模拟量输入/输出单元并对硬件进行设置； 4．能选取适合于开关量单元、模拟量单元的外围设备，并对硬件进行设置； 5．能根据系统配置计算系统功率，选取PLC电源单元及外部电源	1．PLC机型的选择原则； 2．开关量输入输出单元的选择原则； 3．模拟量输入输出单元的选择原则； 4．PLC电源单元的选择原则
硬件图的识读与设备安装	1．能识读电气原理图； 2．能识读接线图； 3．能识读元器件布置图； 4．能识读元器件现场位置图； 5．能根据图样要求，现场安装由数字量、模拟量组成的单机控制系统	1．电气图形符号及制图规范； 2．电气布线的技术要求； 3．电气设备现场安装与施工的基本知识

2．电路设计和电路连接工作计划

电路设计和电路连接计划如表4-5所示。

表4-5　电路设计和电路连接计划

子任务	内容	完成情况
一	YL-335B型自动化生产线电路图设计	
二	YL-335B型自动化生产线各单元电路的连接	

子任务一　YL-335B型自动化生产线电路图设计

按照工作任务书规定，完成自动化生产线总电路的设计。总电路包括电源电路以及各个单元电路。

子任务二　YL-335B 型自动化生产线各单元电路的连接

1. 自动化生产线的供电电源

图 4-15 为供电电源实物图，外部供电电源为三相五线制 AC 380 V/220 V，总电源开关选用 DZ47LE-32/C32 型三相四线漏电开关。系统各主要负载通过自动开关单独供电。其中，变频器电源通过 DZ47C16/3P 三相自动开关供电；各工作单元 PLC 均采用 DZ47C5/2P 单相自动开关供电。此外，系统配置两台 DC 24 V、6 A 开关稳压电源，分别用作供料、加工、分拣及输送单元的直流电源。

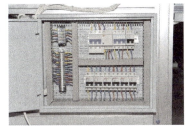

图 4-15　供电电源实物图

2. 供料单元、加工单元、装配单元的电路连接

图 4-16 和图 4-17 所示是供料单元、加工单元、装配单元电气接线实物图，在第三篇中已介绍了这三个单元电路连接的知识及技能点，这里再重述电路连接时应注意的问题。

图 4-16　供料及加工站电气接线实物图

图 4-17　装配站电气接线实物图

注意事项：

① 控制供料（加工、装配）单元生产过程的 PLC 装置安装在工作台两侧的抽屉板上。PLC 侧接线端口的接线端子采用两层端子结构，上层端子用以连接各信号线，其端子号与装置侧的接线端口的接线端子相对应。下层端子用以连接 DC 24 V 电源的 +24 V 端和 0 V 端。

② 供料（加工、装配）单元侧的接线端口的接线端子采用三层端子结构，上层端子用以连接 DC 24 V 电源的 +24 V 端，下层端子用以连接 DC 24 V 电源的 0 V 端，中间层端子用以连接各信号线。

③ 供料（加工、装配）单元侧的接线端口和 PLC 侧的接线端口之间通过专用电缆连接。其中，25 针接头电缆连接 PLC 的输入信号，15 针接头电缆连接 PLC 的输出信号。

④ 供料（加工、装配）单元工作的 DC 24 V 直流电源，是通过专用电缆由 PLC 侧的接线端子提供，经接线端子排引到供料单元上。接线时应注意，供料单元侧接线端口中，输入信号端子的上层端子（+24 V）只能作为传感器的正电源端，切勿用于电磁阀等执行元件的负载。电磁阀等执行元件的正电源端和 0 V 端应连接到输出信号端子下层端子的相应端子上。每一端子连接的导线不超过两根。

⑤ 按照供料（加工、装配）单元 PLC 的 I/O 接线原理图和规定的 I/O 地址接线。为接线方便，一般应该先接下层端子，后接上层端子。要仔细辨明原理图中的端子功能标注。要注意气缸磁性开关棕色和蓝色的两根线，漫射式光电开关的棕色、黑色、蓝色三根线，金属传感器的棕色、

黑色、蓝色三根线的极性不能接反。

⑥ 导线线端应该处理干净，无线芯外露，裸露铜线不得超过 2 mm。一般应该做冷压插针处理，线端应该套规定的线号。

⑦ 导线在端子上的压接，以用手稍用力外拉不动为宜。

⑧ 导线走向应该平顺有序，不得重叠挤压折曲，顺序凌乱。线路应该用黑色尼龙扎带进行绑扎，以不使导线外皮变形为宜。装置侧接线完成后，应用扎带绑扎，力求整齐美观。

⑨ 供料（加工、装配）单元的按钮/指示灯模块，按照端子接口的规定连接。

3．分拣单元的电路连接

图 4-18 为分拣单元电气接线实物图。

注意事项：

① 控制分拣单元生产过程的 PLC 装置安装在工作台两侧的抽屉板上。PLC 侧接线端口的接线端子采用两层端子结构，上层端子用以连接各信号线，其端子号与装置侧的接线端口的接线端子相对应；下层端子用以连接 DC 24 V 电源的 +24 V 端和 0 V 端。

② 分拣单元侧的接线端口的接线

图 4-18 分拣单元电气接线实物图

端子采用三层端子结构，上层端子用以连接 DC 24 V 电源的 +24 V 端，下层端子用以连接 DC 24 V 电源的 0 V 端，中间层端子用以连接各信号线。

③ 分拣单元侧的接线端口和 PLC 侧的接线端口之间通过专用电缆连接。其中，25 针接头电缆连接 PLC 的输入信号，15 针接头电缆连接 PLC 的输出信号。

④ 分拣单元工作的 DC 24 V 电源，是通过专用电缆由 PLC 侧的接线端子提供，经接线端子排引到加工单元上的。接线时应注意，分拣单元侧接线端口中，输入信号端子的上层端子（+24 V）只能作为传感器的正电源端，切勿用于电磁阀等执行元件的负载。电磁阀等执行元件的正电源端和 0 V 端应连接到输出信号端的相应端子上。每一端子连接的导线不能超过两根。

⑤ 按照分拣单元 PLC 的 I/O 接线原理图和规定的 I/O 地址接线。为接线方便，一般应该先接下层端子，后接上层端子。要仔细辨明原理图中的端子功能标注。要注意气缸磁性开关棕色和蓝色两根线，漫射式光电开关的棕色、黑色、蓝色三根线，光纤传感器放大器棕色、黑色、蓝色三根线的极性不能接反。

⑥ 导线线端应该处理干净，无线芯外露，裸露铜线不得超过 2 mm。一般应该做冷压插针处理，线端应该套规定的线号。

⑦ 导线在端子上的压接，以用手稍用力外拉不动为宜。

⑧ 导线走向应该平顺有序，不得重叠挤压折曲，顺序凌乱。线路应该用黑色尼龙扎带进行绑扎，以不使导线外皮变形为宜。装置侧接线完成后，应用扎带绑扎，力求整齐美观。

⑨ 分拣单元变频器进行主电路接线时，变频器模块面板上的 L1、L2、L3 插孔接三相电源，三相电源线应该单独布线；三个电动机插孔按照 U、V、W 顺序连接到三相减速电动机的

接线柱。千万不能接错电源,否则会损坏变频器。

⑩ 变频器的模拟量输入端要按照 PLC I/O 规定的模拟量输出端口连接。

⑪ 分拣单元变频器接地插孔一定要可靠连接保护地线。

⑫ 传送带主动轴同轴旋转编码器的 A、B、Z 相输出线接到分拣单元侧接线端子的规定位置,其电源输入为 DC 24 V。

⑬ 分拣单元的按钮/指示灯模块要按照端子接口的规定连接。

4．输送单元的电路连接

图 4-19 为输送单元电气接线实物图。

注意事项:

① 控制输送单元生产过程的 PLC 装置安装在工作台两侧的抽屉板上。PLC 侧接线端口的接线端子采用两层端子结构,上层端子用以连接各信号线,其端子号与装置侧的接线端口的接线端子相对应,下层端子用以连接 DC 24 V 电源的 +24 V 端和 0 V 端。

图 4-19　输送单元电气接线实物图

② 输送单元侧的接线端口的接线端子采用三层端子结构,上层端子用于连接 DC 24 V 电源的 +24 V 端,下层端子用于连接 DC 24 V 电源的 0 V 端,中间层端子用于连接各信号线。

③ 输送单元侧的接线端口和 PLC 侧的接线端口之间通过专用电缆连接。其中,25 针接头电缆连接 PLC 的输入信号,15 针接头电缆连接 PLC 的输出信号。

④ 输送单元工作的 DC 24 V 电源,是通过专用电缆由 PLC 侧的接线端子提供,经接线端子排引到加工单元上的。接线时应注意,装配单元侧接线端口中,输入信号端子的上层端子(+24 V)只能作为传感器的正电源端,切勿用于电磁阀等执行元件的负载。电磁阀等执行元件的正电源端和 0 V 端应连接到输出信号端的相应端子上。每一端子连接的导线不超过两根。

⑤ 按照输送单元 PLC 的 I/O 接线原理图和规定的 I/O 地址接线。为接线方便,一般应该先接下层端子,后接上层端子。要仔细辨明原理图中的端子功能标注。要注意气缸磁性开关棕色和蓝色两根线,电感式接近传感器的棕色、黑色、蓝色三根线,作为限位开关的微动开关的棕色、蓝色两根线的极性不能接反。

⑥ 导线线端应该处理干净,无线芯外露,裸露铜线不得超过 2 mm。一般应该做冷压插针处理。线端应该套规定的线号。

⑦ 导线在端子上的压接,以用手稍用力外拉不动为宜。

⑧ 导线走向应该平顺有序,不得重叠挤压折曲,顺序凌乱。线路应该用黑色尼龙扎带进行绑扎,以不使导线外皮变形为宜。装置侧接线完成后,应用扎带绑扎,力求整齐美观。

⑨ 输送单元的按钮/指示灯模块,按照端子接口的规定连接。

⑩ 输送单元拖链中的气路管线和电气线路要分开敷设,长度要略长于拖链。电、气管线在拖链中不能相互交叉、打折、纠结,要有序排布,并用尼龙扎带绑扎。

⑪ 进行 SINAMICS V90 系列伺服电动机驱动器接线时,驱动器上的 L1、L3 要与 AC 220 V 电源相连;U、V、W、D 端与伺服电动机电源端连接。接地端一定要可靠连接保护地线。

伺服驱动器的信号输出端要和伺服电动机的信号输入端连接。具体接线应参照说明书。要注意伺服驱动器使能信号线的连接。

⑫ 参照 SINAMICS V90 系列伺服驱动器的说明书，对伺服驱动器的相应参数进行设置，如位置环工作模式、加减速时间等。

⑬ TP 700 人机界面（触摸屏）可以通过 SIEMENS S7-1200 系列 PLC CPU 单元上的以太网口与 PLC 连接，但需要分别设定通信参数。直接连接时，需要注意软件中通信参数的设定。

⑭ 根据控制任务书的要求制作触摸屏的组态控制画面，并进行联机调试。

教师、学生可按照表 4-6 所示进行电路设计和电路连接安装的测试。

表 4-6 电路设计和电路连接安装评分表

姓名		同组		开始时间	
专业/班级				结束时间	
项目内容	考核要求	配分	评分标准	扣分	自评	互评
总电路图	1．电路图绘制正确； 2．电路图形符号规范	30	1．输送单元电路绘制有错误，每处扣0.5分； 2．机械手装置运动的限位保护没有设置或绘制有错误，扣1.5分； 3．变频器及驱动电动机主电路绘制有错误，每处扣0.5分； 4．电路图形符号不规范，每处扣0.5分，最多扣2分			
五个单元 I/O 分配图	1．I/O 分配正确； 2．电路图形符号规范	20	1．电路图形符号不规范，每处扣0.5分，最多扣2分； 2．I/O 分配错误，每处扣5分			
按图连接	1．端子连接符合标准； 2．电路接线整齐； 3．机械手装置运动的限位保护正确连接； 4．变频器及驱动电动机正确接地	20	1．端子连接插针压接不牢或超过两根导线，每处扣0.5分，端子连接处没有线号，每处扣0.5分，两项最多扣3分； 2．电路接线没有绑扎或电路接线凌乱，扣2分； 3．机械手装置运动的限位保护未接线或接线错误，扣1.5分； 4．变频器及驱动电动机没有接地，每处扣1分			
电路中注意事项	电路无故障	20	由于疏忽导致电路出现故障，每处扣1分			
职业素养与安全意识	现场操作安全保护符合安全操作规程；工具摆放、包装物品、导线线头等的处理符合职业岗位的要求；团队有分工有合作，配合紧密；遵守赛场纪律，尊重赛场工作人员，爱惜赛场的设备和器材，保持工位的整洁	10	—			
教师点评：			成绩（教师）：		总成绩：	

知识、技能归纳

自动化生产线电路图设计；自动化生产线各单元电路的连接。

工程素质培养

思考一下：如何能解决自动化生产线安装与运行过程中出现的常见问题。

任务四 程序编制和程序调试

任务目标

1. 能进行网络的组建及人机界面设置；
2. 能进行相关程序的设计。

按要求进行网络的组建，以实现五个可编程序控制器之间的数据传送；通过对五个单元程序的设计，实现任务书要求的各项控制任务；具有一定拓展开发要求的程序设计能力。

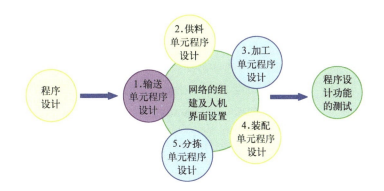

要获得可编程序控制系统设计师职业资格证书，需要具备的系统设计的能力如表 4-7 所示。

表 4-7　可编程序控制系统设计师职业资格证书对系统设计能力要求

工作内容	能力要求	相关知识
项目分析	1．能分析由数字量、模拟量组成的单机控制系统的控制对象的工艺要求； 2．能确定由数字量、模拟量组成的单机控制系统的开关量与模拟量参数； 3．能统计由数字量、模拟量组成的单机控制系统的开关量输入/输出点数和模拟量输入/输出点数，并归纳其技术指标	1．控制对象的类型； 2．开关量的基本知识； 3．模拟量的基本知识
控制方案设计	1．能设计由数字量、模拟量组成的单机控制系统的框图； 2．能设计由数字量、模拟量组成的单机控制系统的流程图	1．PLC 控制系统设计的基本原则与要求； 2．PLC 系统设计流程图的图例及绘制规则

子任务一　网络的组建及人机界面设置

1．网络的组建

在 YL-335B 系统中有五个 PLC 分别控制五个工作站，因此，要想实现自动控制需将这五个 PLC 联网，采用 PROFINET 网络通信协议。因为触摸屏、按钮及指示灯模块的开关信号连接到输送站的 PLC 输入口，以提供系统的主令信号。因此，在网络中输送站是指定为控制器的，其余各站均指定为智能 IO，如图 4-20 所示。

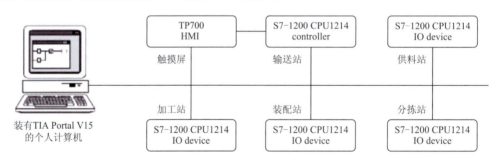

图 4-20　计算机与主站、主站与从站组网结构及信息传输示意图

YL-335B 各工作站 PLC 实现 PROFINET 通信组网的操作步骤如图 4-21 所示。

(1) 向 PLC 各站下载 PROFINET 网络通信参数

使用网线分别对网络内每一台 PLC 进行初始化设置，主要是进行 PLC IP 地址设置。输送单元 IP 地址 192.168.3.1，供料单元 IP 地址 192.168.3.2，加工单元 IP 地址 192.168.3.3，装配单元 IP 地址 192.168.3.4，分拣单元的 IP 地址 192.168.3.5。图 4-22 所示为供料站 PLC 的 IP 地址设置。

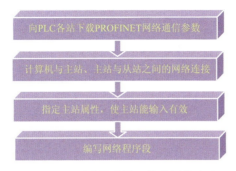

图 4-21 PROFINET 通信的操作步骤

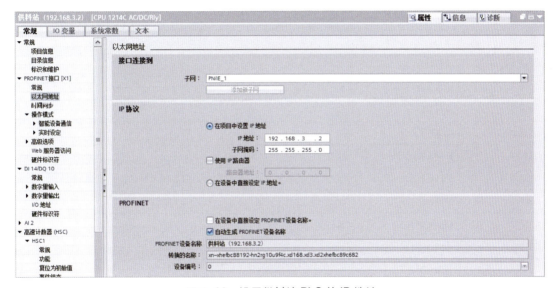

图 4-22 设置供料站 PLC 的 IP 地址

(2) 编写主站网络读/写程序段

在编写主站的网络读/写程序前,应预先规划好表 4-8 所示数据。

表 4-8 网络读/写数据规划实例

输 送 站 1#站(主站)	供 料 站 2#站(从站)	加 工 站 3#站(从站)	装 配 站 4#站(从站)	分 拣 站 5#站(从站)
发送数据的长度	10 字节	10 字节	10 字节	10 字节
从主站何处发送	Q300	Q310	Q320	Q330
发往从站何处	I300	I300	I300	I300
接收数据的长度	10 字节	10 字节	10 字节	10 字节
数据来自从站何处	Q300	Q300	Q300	Q300
数据存到主站何处	I300	I310	I320	I330

然后根据任务书要求,确定通信数据,如表 4-9、表 4-10 所示。

表 4-9 通信数据表 1

主站发送数据区 地址	数据含义	供料站接收区（2）地址	加工站接收区（3）地址	装配站接收区（4）地址	分拣站接收区（5）地址
Q300.0	全线运行	I300.0	x	x	x
Q300.1	全线停止	I300.1	x	x	x
Q300.2	全线复位	I300.2	x	x	x
Q300.3	全线急停	I300.3	x	x	x
Q300.4	请求供料	I300.4	x	x	x
Q300.5	HMI 联机	I300.5	x	x	x
Q310.0	全线运行	x	I300.0	x	x
Q310.1	全线停止	x	I300.1	x	x
Q310.2	全线复位	x	I300.2	x	x
Q310.3	全线急停	x	I300.3	x	x
Q310.4	请求加工	x	I300.4	x	x
Q310.5	HMI 联机	x	I300.5	x	x
Q320.0	全线运行	x	x	I300.0	x
Q320.1	全线停止	x	x	I300.1	x
Q320.2	全线复位	x	x	I300.2	x
Q320.3	全线急停	x	x	I300.3	x
Q320.4	请求装配	x	x	I300.4	x
Q320.5	HMI 联机	x	x	I300.5	x
Q320.6	系统复位中	x	x	I300.6	x
Q320.7	系统就绪	x	x	I300.7	x
Q321.0	供料站物料不足	x	x	I301.0	x
Q321.2	供料站物料没有	x	x	I301.1	x
Q330.0	全线运行	x	x	x	I300.0
Q330.1	全线停止	x	x	x	I300.1
Q330.2	全线复位	x	x	x	I300.2
Q330.3	全线急停	x	x	x	I300.3
Q330.4	请求分拣	x	x	x	I300.4
Q330.5	HMI 联机	x	x	x	I300.5
QW331	变频器写入频率	x	x	x	IW301

表 4-10 通信数据表 2

主站接收数据区 地址	数据含义	供料站发送区（2）地址	加工站发送区（3）地址	装配站发送区（4）地址	分拣站发送区（5）地址
I300.0	供料站全线模式	Q300.0	x	x	x
I300.1	供料站准备就绪	Q300.1	x	x	x
I300.2	供料站运行状态	Q300.2	x	x	x
I300.3	工件不足	Q300.3	x	x	x
I300.4	工件没有	Q300.4	x	x	x
I300.5	供料完成	Q300.5	x	x	x
I300.6	金属工件	Q300.6	x	x	x
I310.0	加工站全线模式	x	Q300.0	x	x
I310.1	加工站准备就绪	x	Q300.1	x	x
I310.2	加工站运行状态	x	Q300.2	x	x
I310.3	加工完成	x	Q300.3	x	x
I320.0	装配站全线模式	x	x	Q300.0	x
I320.1	装配站准备就绪	x	x	Q300.1	x
I320.2	装配站运行状态	x	x	Q300.2	x
I320.3	芯件不足	x	x	Q300.3	x
I320.4	芯件没有	x	x	Q300.4	x
I320.5	装配完成	x	x	Q300.5	x
I320.6	装配台无工件	x	x	Q300.6	x
I330.0	分拣站全线模式	x	x	x	Q300.0
I330.1	分拣站准备就绪	x	x	x	Q300.1
I330.2	分拣站运行状态	x	x	x	Q300.2
I330.3	分拣站允许进料	x	x	x	Q300.3
I330.4	分拣完成	x	x	x	Q300.4

根据上述数据，即可编制 PLC 的网络通信程序。

2. 人机界面的设置

（1）YL-335B 人机界面效果图

图 4-23 所示为 YL-335B 人机界面主界面。

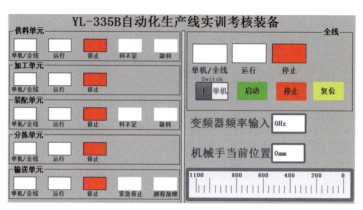

图 4-23 主界面

（2）人机界面工程分析

图 4-24 所示为人机界面工程分析图。

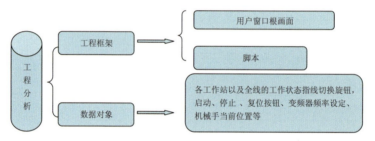

图 4-24 人机界面工程分析图

3. 人机界面创建

通过第三篇各单元触摸屏相关内容的学习，可以按图 4-25 所示步骤进行界面创建。

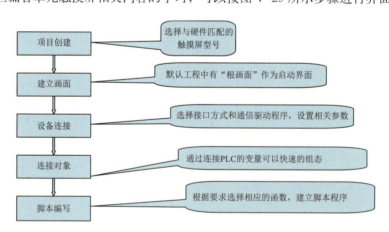

图 4-25 人机界面创建步骤图

注意事项：

① 制作主界面的标题文字，输入文字"YL-335B 自动化生产线实训考核装备"，设置方法同欢迎界面的欢迎文字，但是不包括水平移动设置。

② 五个单元的状态组态画面相似且在前面已经介绍，缺料报警分段点对应的颜色是红色，

并且还需组态闪烁功能。

子任务二　程序设计

若要获得可编程序控制系统设计师职业资格证,所要具备的设计能力如表 4-11 所示。

表 4-11　可编程序控制系统设计师职业资格证程序设计能力要求

工作内容	能力要求	相关知识
地址分配、内存分配	1. 能编制开关量输入输出单元的地址分配表; 2. 能编制模拟量输入输出单元的地址分配表	1. PLC存储器的机构与性能; 2. PLC各存储区的特性; 3. 模拟量输入输出单元占用内存区域的计算方法
参数配置	1. 能根据技术指标设置开关量各单元的参数; 2. 能根据技术指标设置模拟量各单元的参数	使用工具软件设置开关量与模拟量单元参数的方法
编程	1. 能使用编程工具编写梯形图等控制程序; 2. 能使用传送等指令设置模拟量单元; 3. 能使用位逻辑、定时、计数等基本指令实现由数字量、模拟量组成的单机控制系统的程序设计	1. 梯形图的编制规则; 2. 工具软件的使用方法; 3. 位逻辑、定时、计数及传送等基本指令的使用方法

1. 输送单元程序设计

输送单元作为主站,其控制要求是:系统复位,机械手在供料单元工件的抓取,从供料单元转移到加工单元,机械手在加工单元放下和抓取工件,从加工单元移到装配单元,机械手在装配单元放下和抓取工件,从装配单元移到分拣单元,在分拣单元放下工件,抓取机械手返回原点。

输送单元作为主站是整个系统的组织者,同时承担着各从站的输送任务。根据控制要求,输送单元的控制程序应包括如下功能:

① 处理来自触摸屏的主令信号和各从站的状态反馈信号,产生系统的控制信号,通过网络读/写指令,向各从站发出控制命令。

② 实现本工作站的工艺任务,包括伺服电动机(或步进电动机)的定位控制和机械手装置的抓取、放下工件的控制。

③ 处理运行中途停车后(如掉电、紧急停止等),复位到原点的操作。

上述功能可通过编写相应的子程序,在主程序中调用实现。其中,为实现伺服电动机(或步进电动机)的定位控制,使用绝对位置指令编程,如表 4-12 所示。

表 4-12　伺服电动机运行的距离

绝对运动指令	站　点	位　置	移动方向
1	供料站→加工站	290 mm	
2	供料站→装配站	775 mm	
3	供料→分拣站	1050 mm	
4	分拣站→100 mm	100 mm	高速回原点
0	100 mm→供料站	0 mm	低速回原点

主流程图如图 4-26 所示。

输送单元的控制流程图如图 4-27 所示。

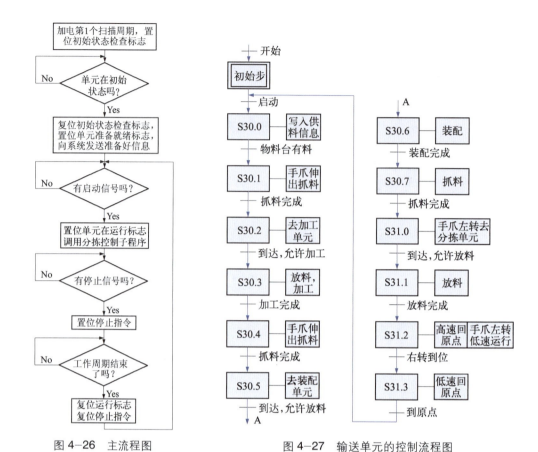

图 4-26 主流程图　　　　　图 4-27 输送单元的控制流程图

设计输送单元 PLC 的 I/O 分配表如表 4-13 所示。

表 4-13 输送单元 PLC 的 I/O 地址分配表

输入信号				输出信号			
序号	PLC 输入点	信号名称	信号来源	序号	PLC 输出点	信号名称	信号来源
1	I0.0	原点传感器检测	装置侧	1	Q0.0	脉冲	装置侧
2	I0.1	右限位保护		2	Q0.1	方向	
3	I0.2	左限位保护		3	Q0.2		
4	I0.3	机械手抬升下限检测		4	Q0.3	抬升台上升电磁阀	
5	I0.4	机械手抬升上限检测		5	Q0.4	回转气缸左旋电磁阀	
6	I0.5	机械手旋转左限检测		6	Q0.5	回转气缸右旋电磁阀	
7	I0.6	机械手旋转右限检测		7	Q0.6	手爪伸出电磁阀	
8	I0.7	机械手伸出检测	装置侧	8	Q0.7	手爪夹紧电磁阀	
9	I1.0	机械手缩回检测		9	Q1.0	手爪放松电磁阀	
10	I1.1	机械手夹紧检测		10	Q1.1		
11	I1.2	伺服报警		11	Q2.5	报警指示	按钮/指示灯模块
12	I1.3			12	Q2.6	运行指示	
13	I1.4			13	Q2.7	停止指示	
14	I1.5						
15	I2.4	停止按钮	按钮/指示灯模块				
16	I2.5	启动按钮					
17	I2.6	急停按钮					
18	I2.7	方式选择					

根据以上 PLC 的 I/O 分配表及控制流程图，设计出输送单元的控制程序如下：
(1) 主站主程序
伺服电动机控制启用，如图 4-28 所示。

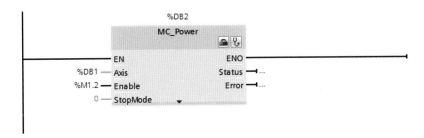

图 4-28 伺服电动机控制启用程序

系统初始化程序，如图 4-29 所示。

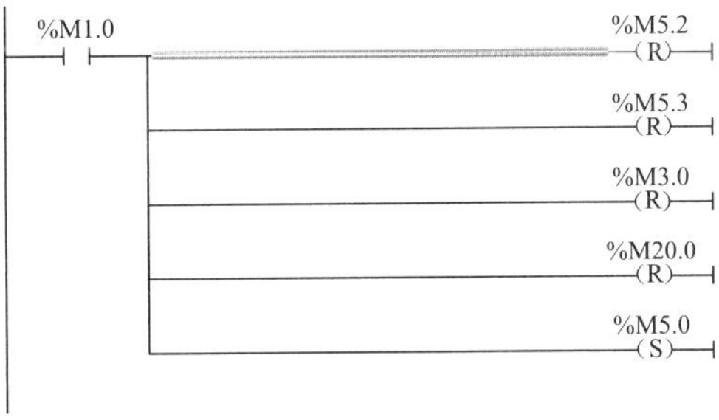

图 4-29 系统初始化程序

全线联机程序，如图 4-30 所示。

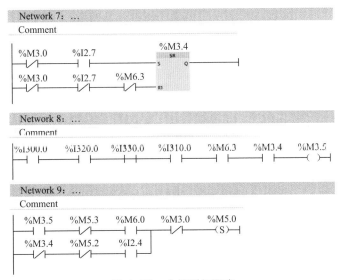

图 4-30 全线联机程序

初态检查包括主站初始状态检查及复位操作，以及各从站初始状态检查，如图 4-31 所示。

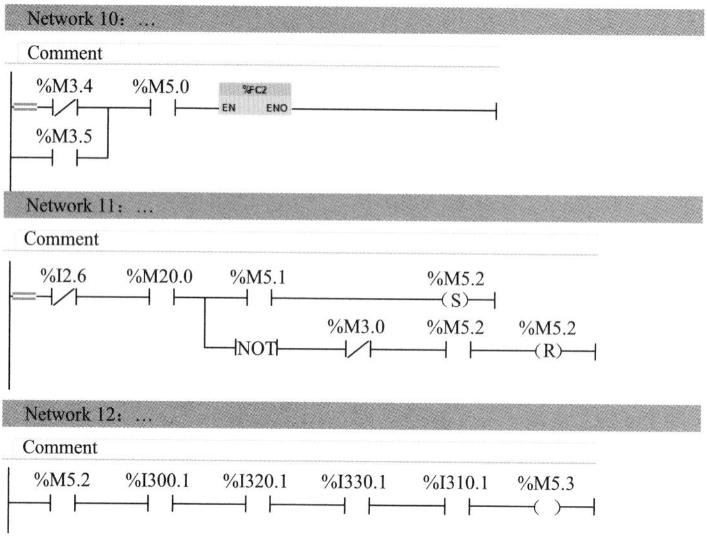

图 4-31 初态检查程序

联机状态，给各从站启动信号，程序如图 4-32 所示。

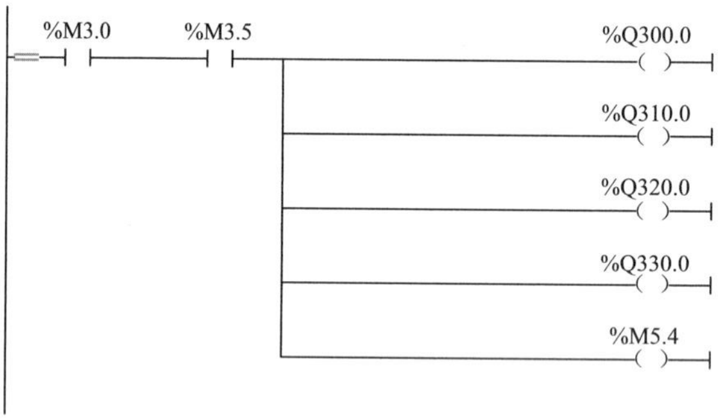

图 4-32 联机状态程序

按钮/指示灯控制：单机复位时黄灯 1 Hz 闪烁，系统准备好黄灯常亮，如图 4-33 所示。

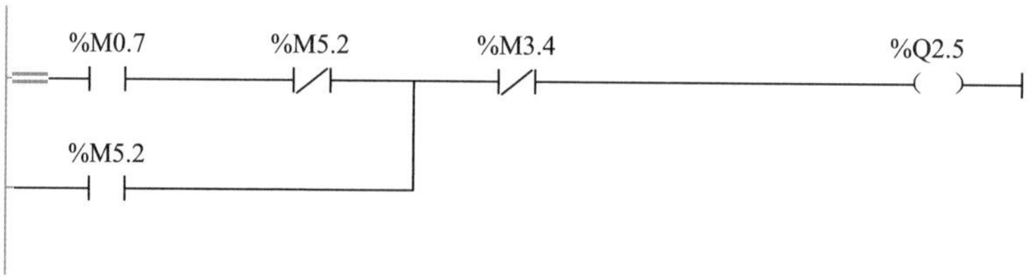

图 4-33 系统准备好程序

（2）输送站回原点控制

输送站回原点控制，如图 4-34 所示。

（3）初态检查复位

初态检查的复位操作程序，如图 4-35 所示。

机械手指复位操作：包括放松、夹紧、左旋、右旋等。

检查主站初始位置，如在初始位置，执行回原点操作。

搬运站在初始状态则主站就绪，若各从站也在初始状态，则系统就绪。

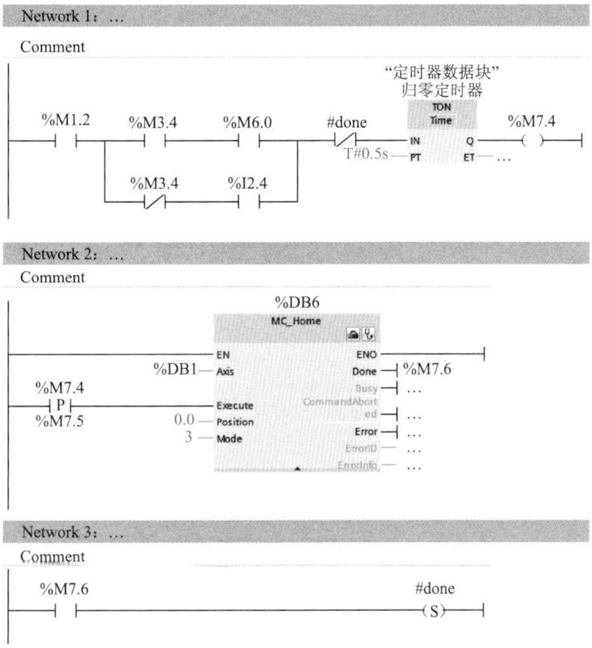

图 4-34　输送站回原点控制

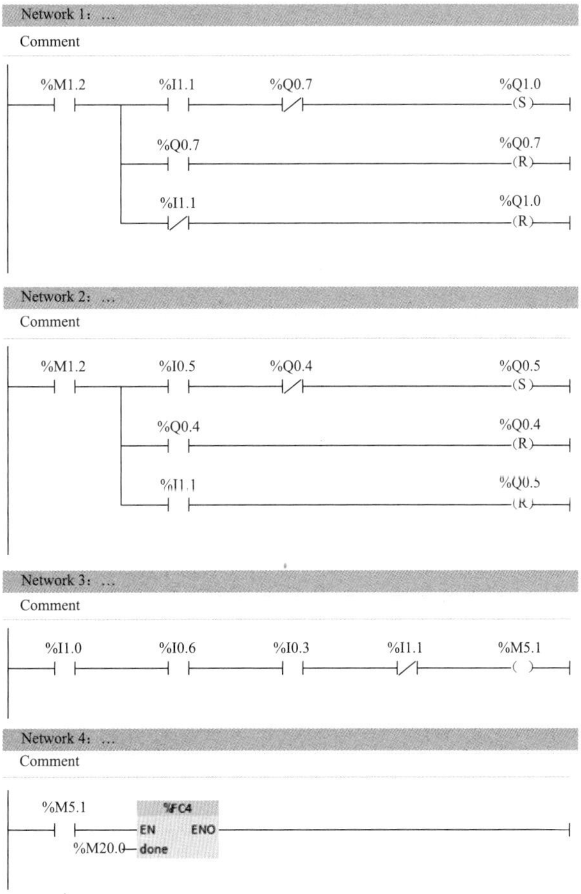

图 4-35　初态检查复位的操作程序

(4）急停处理

急停按钮被按下后，立即停止，急停松开后断点继续运行，程序如图 4-36 所示。

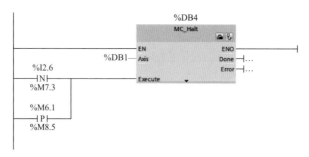

图 4-36　急停处理程序

(5）运行控制

系统启动，搬运站给供料站允许供料信号。

全线运行时，若物料台上有料则进行下一步。程序如图 4-37 所示。

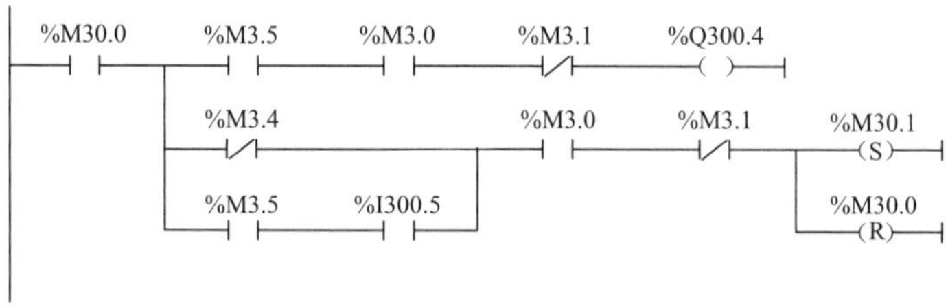

```
%M30.0   %M3.5   %M3.0   %M3.1    %Q300.4
 ─┤├──────┤├─────┤├─────┤/├────────( )─
         %M3.4           %M3.0   %M3.1   %M30.1
         ─┤/├─────────────┤├─────┤/├──────(S)─
         %M3.5   %I300.5                  %M30.0
         ─┤├─────┤├─                       (R)─
```

图 4-37　全线运行

单机运行时，输送站启动，即进行下一步。程序如图 4-38 所示。

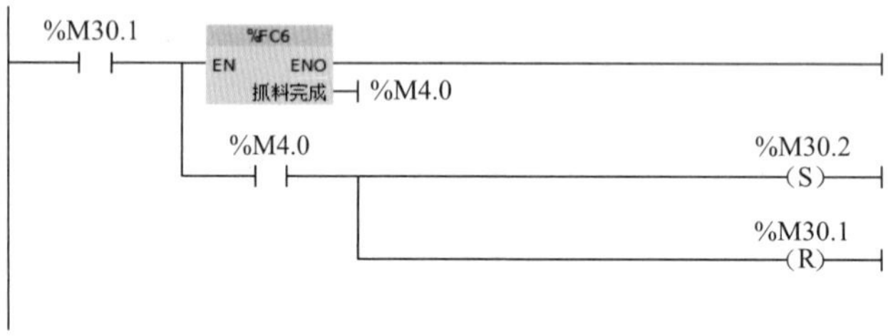

```
%M30.1    %FC6
 ─┤├──── EN  ENO
        抓料完成 ─%M4.0
         %M4.0                %M30.2
         ─┤├───────────────────(S)─
                              %M30.1
                               (R)─
```

图 4-38　单机运行

供料单元到加工单元，程序如图 4-39 所示。

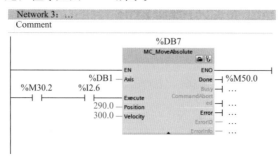

图 4-39　供料单元到加工单元程序

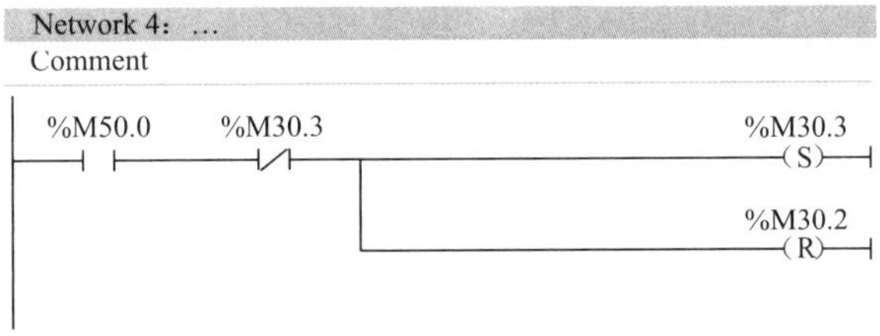

图 4-39 供料单元到加工单元程序（续）

进行放料操作，放料完成，系统全线运行，则允许加工单元加工，全线运行，加工单元加工完成信号发出，如图 4-40 所示。

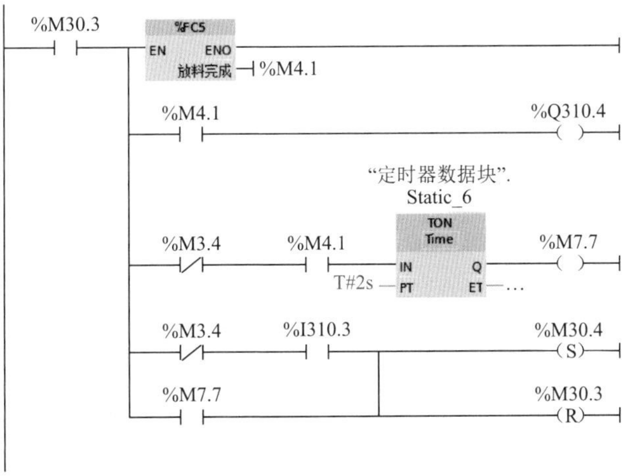

图 4-40 允许加工单元加工

抓取工件操作，程序如图 4-41 所示。

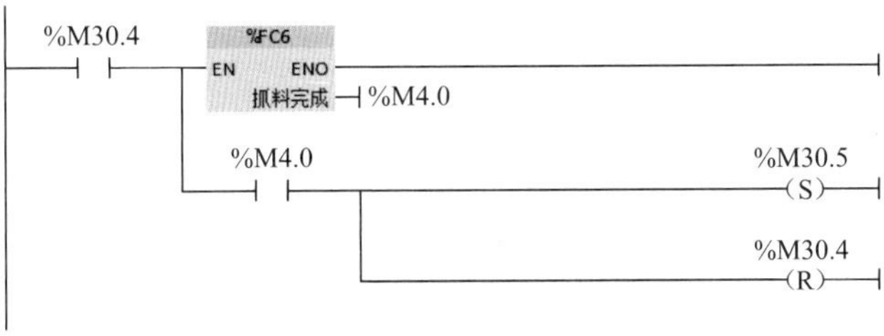

图 4-41 抓取工件操作

加工单元到装配单元，程序如图 4-42 所示。

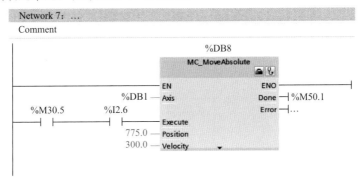

图 4-42 加工单元到装配单元程序

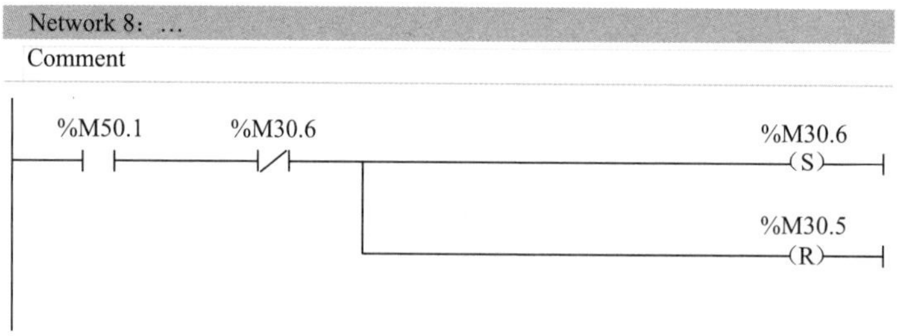

图 4-42 加工单元到装配单元程序（续）

进行放料操作，系统全线运行，给装配站允许装配信号，单站运行，放料完成 2 秒进行抓取，如图 4-43 所示。

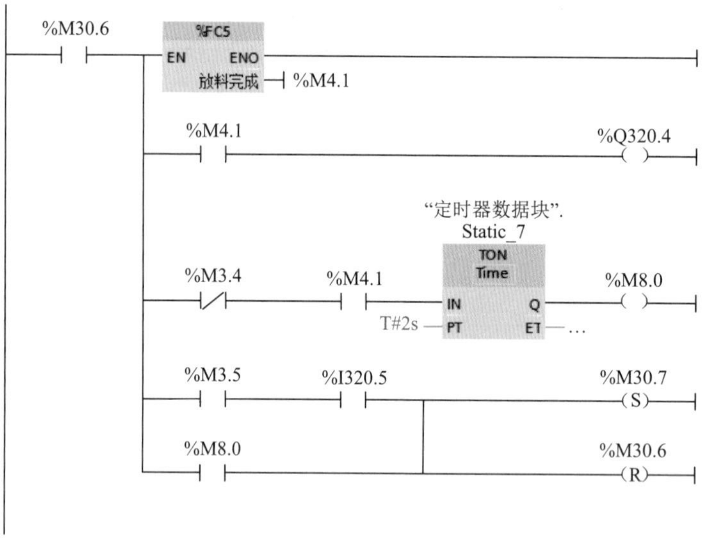

图 4-43 放料操作程序

抓取工件操作，抓取完成，机械手左旋。抓取工件操作程序如图 4-44 所示。

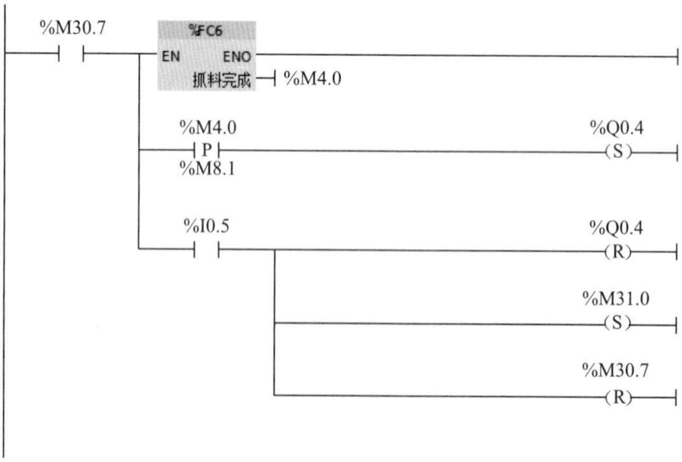

图 4-44 抓取工件操作程序

装配单元到分拣单元，程序如图 4-45 所示。

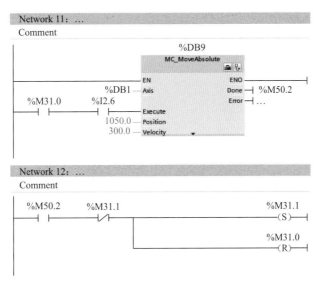

图 4-45　装配单元到分拣单元程序

放料操作程序，如图 4-46 所示。

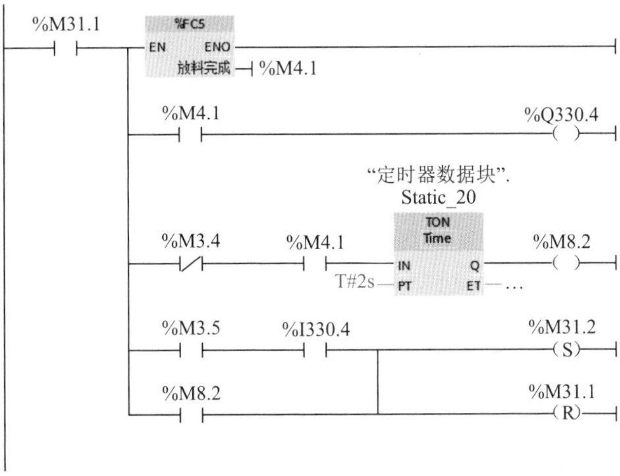

图 4-46　放料操作程序

以 400 mm/s 的速度到距离原点 100 mm 位置，机械手右旋，程序如图 4-47 所示。

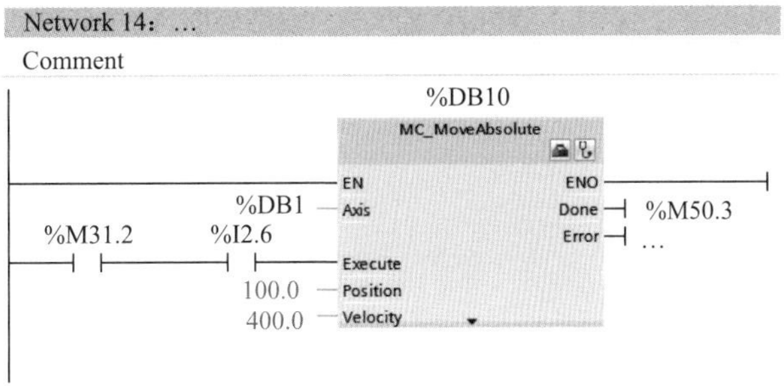

图 4-47　以 400 mm/s 的速度到距离原点 100 mm 位置程序

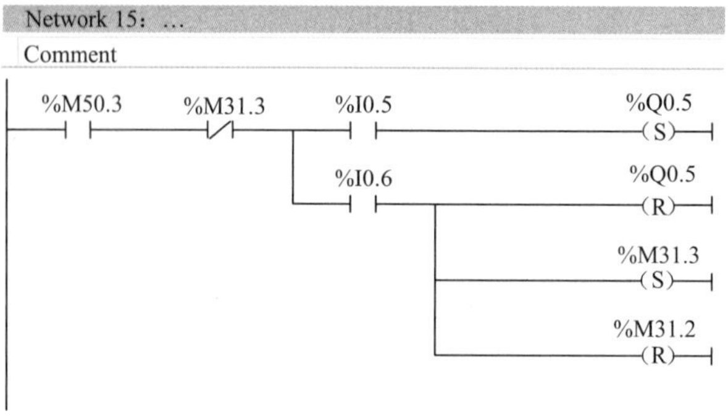

图 4-47 以 400 mm/s 的速度到距离原点 100 mm 位置程序（续）

机械手低速回到初始位置，程序如图 4-48 所示。

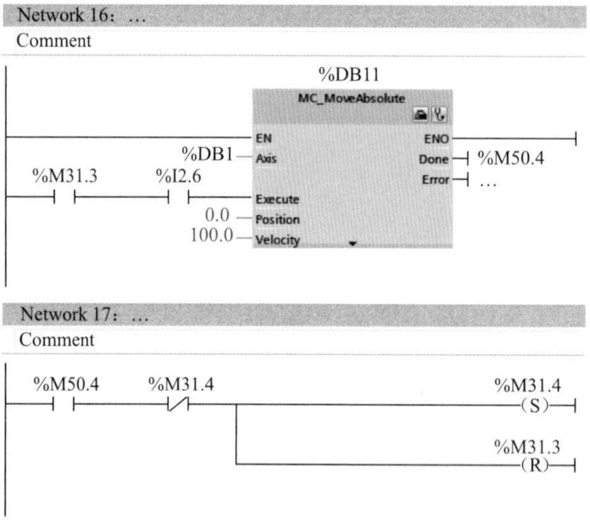

图 4-48 机械手低速回到初始位置程序

运行测试完成，返回初始步，程序如图 4-49 所示。

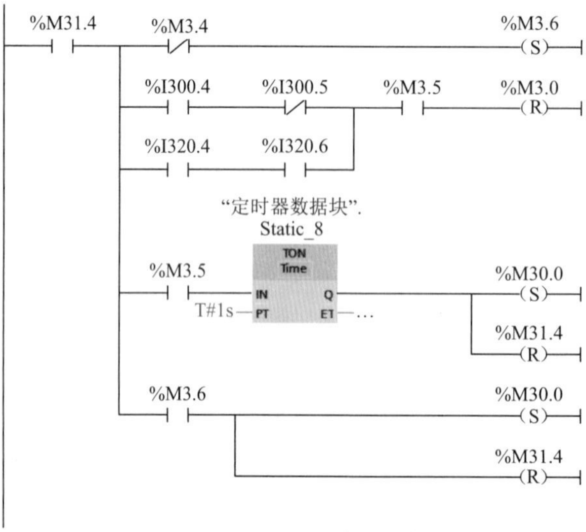

图 4-49 返回初始步程序

(6) 通信

供料不足，供料没有程序，如图 4-50 所示。

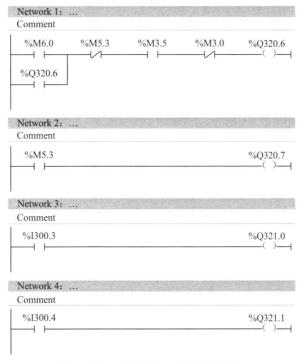

图 4-50　供料不足，供料没有程序

(7) 抓取工件

抓取工件程序，如图 4-51 所示。

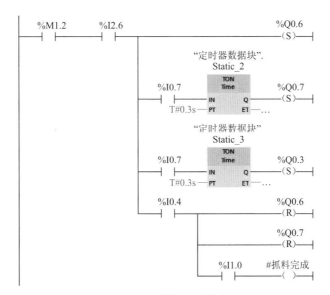

图 4-51　抓取工件程序

(8) 放下工件

放下工件程序，如图 4-52 所示。

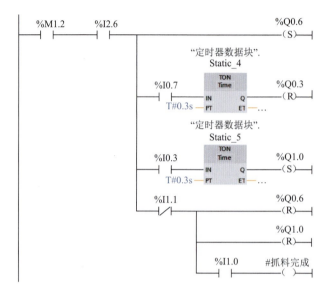

图 4-52 放下工件程序

2．供料单元程序设计

供料单元为加工单元提供工件。供料系统控制要求：系统启动后，若供料单元的物料台上没有工件，则应把工件推到物料台上，并向系统发出物料台上有工件信号。若供料单元的料仓内没有工件或工件不足，则向系统发出报警或预警信号。物料台上的工件被输送单元机械手取出后，若系统启动信号仍然为 ON，则进行下一次推出工件操作。

根据控制要求，供料单元需提供手动和联机两种控制模式。其中，手动模式需要用一个按钮产生启动/停止信号；联机模式程序应包括两部分，一是如何响应系统的启动、停止指令和状态信息的返回，二是供料过程的控制。

供料单元控制流程图如图 4-53 所示。

供料单元 PLC 的地址分配表如表 4-14 所示。

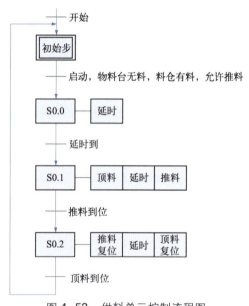

图 4-53 供料单元控制流程图

表 4-14 供料单元 PLC 的 I/O 地址分配表

输入信号				输出信号			
序号	PLC 输入点	信号名称	信号来源	序号	PLC 输出点	信号名称	信号来源
1	I0.0	顶料到位检测	按钮／指示灯端子排	1	Q0.0	顶料电磁阀	
2	I0.1	顶料复位检测		2	Q0.1	推料电磁阀	
3	I0.2	推料到位检测		3	Q0.2		

续表

	输 入 信 号				输 出 信 号		
序号	PLC 输入点	信号名称	信号来源	序号	PLC 输出点	信号名称	信号来源
4	I0.3	推料复位检测		4	Q0.3		
5	I0.4	物料台物料检测		5	Q0.4		
6	I0.5	供料不足检测		6	Q0.5		
7	I0.6	物料有无检测	按钮/指示灯端子排	7	Q0.6		
8	I0.7	金属传感器检测		8	Q0.7	黄色指示灯	
9	I1.2	停止按钮		9	Q1.0	绿色指示灯	
10	I1.3	启动按钮		10	Q1.1	红色指示灯	
11	I1.4	急停按钮					
12	I1.5	工作方式选择					

（1）主程序

供料单元初始状态达到，并且得到联机信号，使供料单元处于准备工作状态，如图 4-54 所示。

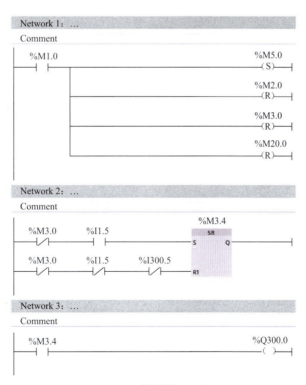

图 4-54 供料单元主程序

供料单元开始运行，调用状态显示子程序；初始状态准备好后，等待启动按钮发出信号，等发出运行信号后，调用供料控制程序，如图 4-55、图 4-56 所示。

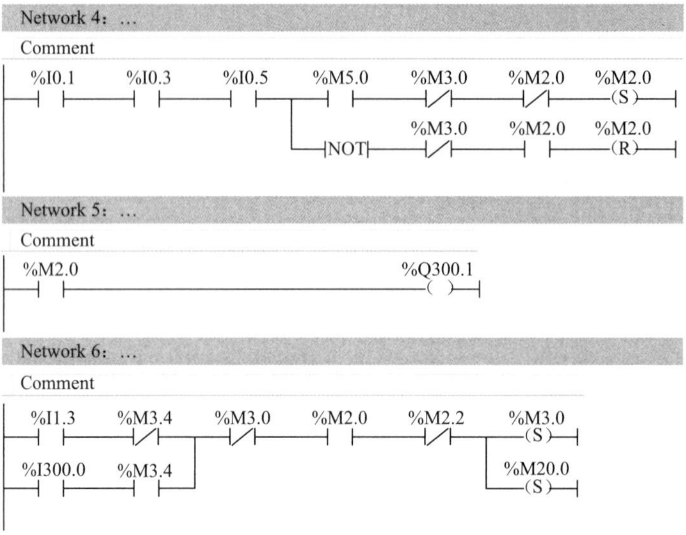

Network 4: ...
Comment

```
%I0.1   %I0.3   %I0.5   %M5.0    %M3.0   %M2.0   %M2.0
─┤├─────┤├─────┤├──┬────┤├──────┤/├─────┤/├──────(S)─
                   │          %M3.0   %M2.0   %M2.0
                   └──|NOT|───┤/├─────┤/├──────(R)─
```

Network 5: ...
Comment

```
%M2.0                                          %Q300.1
─┤├──────────────────────────────────────────────( )─
```

Network 6: ...
Comment

```
%I1.3    %M3.4   %M3.0   %M2.0   %M2.2   %M3.0
─┬┤├─────┬┤/├────┤/├─────┤/├─────┤/├──┬───(S)─
 │       │                            │  %M20.0
 │%I300.0│%M3.4                       └───(S)─
 └┤├─────┴┤├─
```

图 4-55 发出运行信号程序

Network 7: ...
Comment

```
%M3.4   %I1.2   %M3.0                          %M3.1
─┬┤/├───┬┤├─────┤├──────────────────────────────(S)─
 │%M3.4 │%I300.0
 └┤├────┴┤/├─
```

Network 8: ...
Comment

```
%M3.0    ┌─%FC1─┐
─┤├──────┤EN ENO├──────────────────────────────────
         └──────┘
```

Network 9: ...
Comment

```
%M3.1                           %M20.0          %M3.0
─┬┤├───────────────────────────┬┤├───────────────(R)─
 │%M3.0   %M2.1   %I0.4        │                %M3.1
 └┤├──────┤├──────┤├───────────┘                 (R)─
```

Network 10: ...
Comment

```
%M1.2    ┌─%FC2─┐
─┤├──────┤EN ENO├──────────────────────────────────
         └──────┘
```

Network 11: ...
Comment

```
%M3.0                                          %Q300.2
─┤├──────────────────────────────────────────────( )─
```

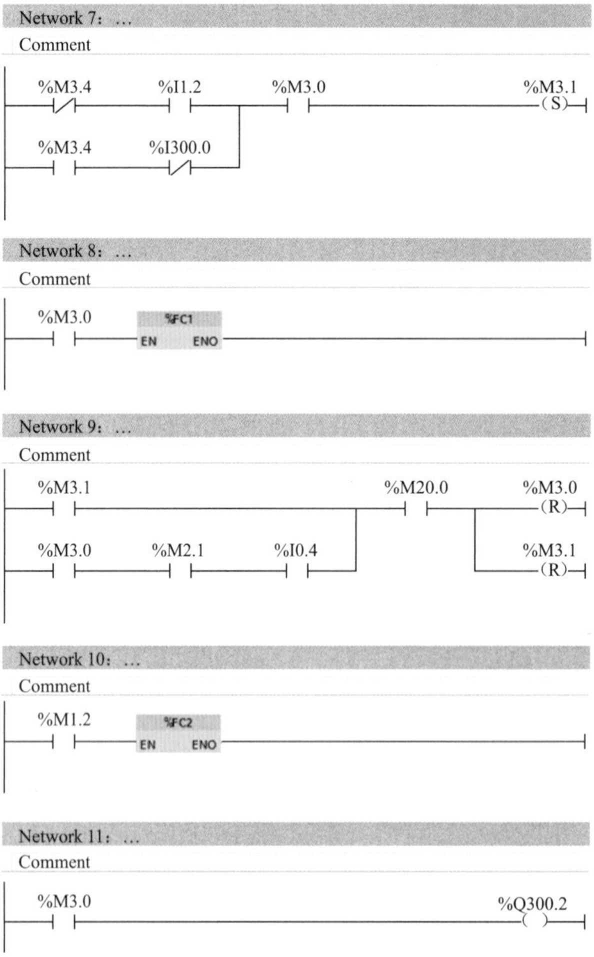

图 4-56 供料控制程序

(2) 供料控制

当检测出料台没有工件时,把物料推出料台,程序如图 4-57 所示。

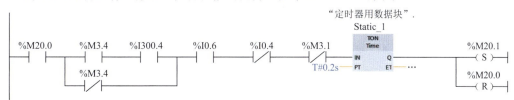

图 4-57 物料推出料台程序

当物料被取走且无停止信号,进行下一次工件操作,程序如图 4-58 所示。

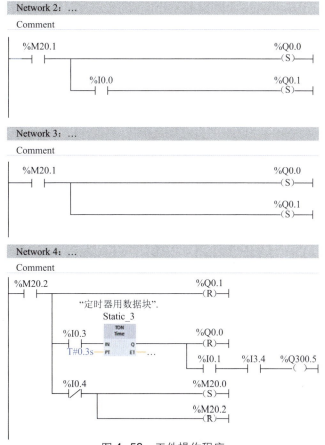

图 4-58 工件操作程序

(3) 状态显示

料仓内有足够待加工工件,HL1 常亮,运行中料仓内工件不足,HL1 以 1 Hz 闪烁,HL2 常亮。料仓内无工件 HL1 和 HL2 均以 2 Hz 闪烁,程序如图 4-59 所示。

图 4-59 状态显示程序

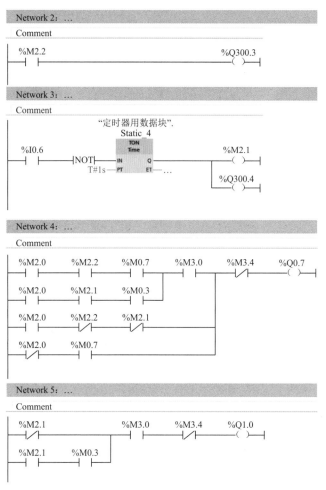

图 4-59 状态显示程序（续）

3. 加工单元程序设计

加工系统控制要求：加工单元物料台的物料检测传感器检测到工件后，执行把待加工工件从物料台移送到加工区域冲压气缸的正下方；完成对工件的冲压加工，然后把加工好的工件重新送回物料台的工件加工工序。操作结束，向系统发出加工完成信号。

根据控制要求，加工单元手动模式与供料单元基本相同，只是多了一个急停按钮；联机模式程序也包括两部分，一是如何响应系统的启动、停止指令和状态信息的返回，二是对加工过程的控制。

加工单元控制流程图如图 4-60 所示。

加工单元 PLC 地址分配表及符号如表 4-15 所示。

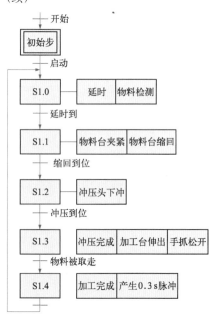

图 4-60 加工单元控制流程图

表 4-15 加工单元 PLC 的 I/O 地址分配表

输入信号				输出信号			
序号	PLC 输入点	信号名称	信号来源	序号	PLC 输出点	信号名称	信号来源
1	I0.0	物料台物料检测	按钮/指示灯端子排	1	Q0.0	夹紧电磁阀	
2	I0.1	料台夹紧检测		2	Q0.1		
3	I0.2	料台伸出到位检测		3	Q0.2	料台伸缩电磁阀	
4	I0.3	料台缩回到位检测		4	Q0.3	加工压头电磁阀	
5	I0.4	加压头上限检测		5	Q0.4		
6	I0.5	加压头下限检测		6	Q0.5		
7	I0.6	加工安全检测		7	Q0.6		
8	I1.2	停止按钮		8	Q0.7	黄色指示灯	
9	I1.3	启动按钮		9	Q1.0	绿色指示灯	
10	I1.4	急停按钮		10	Q1.1	红色指示灯	
11	I1.5	工作方式选择					

（1）主程序

停止运行状态下，可进行工作方式切换，检查本单元是否在初始状态，如果在就准备就绪，如图 4-61 所示。

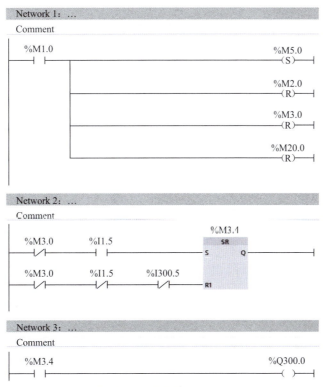

图 4-61 加工单元主程序

如果本单元准备就绪就向主站发送信号，等待启动按钮；单元处于运行状态时，如果没有按下急停按钮就调用加工控制程序，如图 4-63、图 4-63 所示。

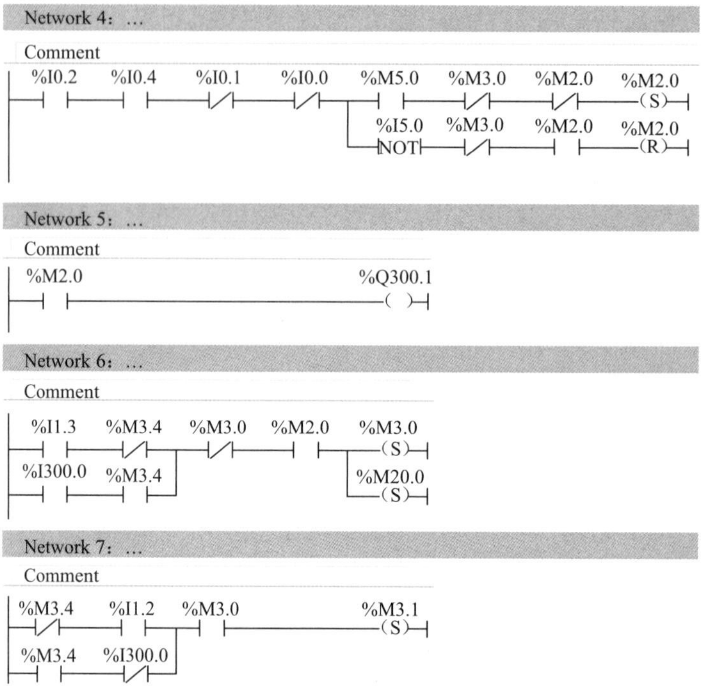

Network 4: …
Comment

```
%I0.2   %I0.4   %I0.1   %I0.0   %M5.0   %M3.0   %M2.0   %M2.0
─┤├─────┤├─────┤/├─────┤/├──┬──┤├─────┤/├─────┤/├─────(S)─
                            │   %I5.0   %M3.0   %M2.0   %M2.0
                            └──┤NOT├───┤/├─────┤├──────(R)─
```

Network 5: …
Comment

```
%M2.0                                           %Q300.1
─┤├─────────────────────────────────────────────( )─
```

Network 6: …
Comment

```
%I1.3    %M3.4    %M3.0    %M2.0       %M3.0
─┬┤├──────┤/├──────┤/├──────┤├──┬──────(S)──
 │%I300.0 %M3.4                 │      %M20.0
 └┤├──────┤├────                └──────(S)──
```

Network 7: …
Comment

```
%M3.4    %I1.2    %M3.0              %M3.1
─┬┤/├─────┤├──────┤├────────────────(S)──
 │%M3.4  %I300.0
 └┤├─────┤/├──
```

图 4-62　发出运行信号程序

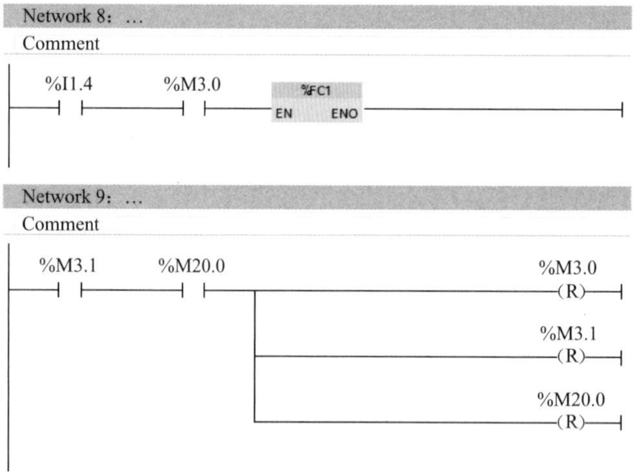

Network 8: …
Comment

```
%I1.4    %M3.0      %FC1
─┤├──────┤├──────EN    ENO──
```

Network 9: …
Comment

```
%M3.1    %M20.0              %M3.0
─┤├───────┤├──────┬─────────(R)──
                  │          %M3.1
                  ├─────────(R)──
                  │          %M20.0
                  └─────────(R)──
```

图 4-63　调用加工控制程序

设备准备好时HL1常亮，否则，以1 Hz频率闪烁；若设备准备好，按下启动按钮，HL2常亮；工作中按下停止按钮，加工单元停止工作后，HL2熄灭，如图4-64所示。

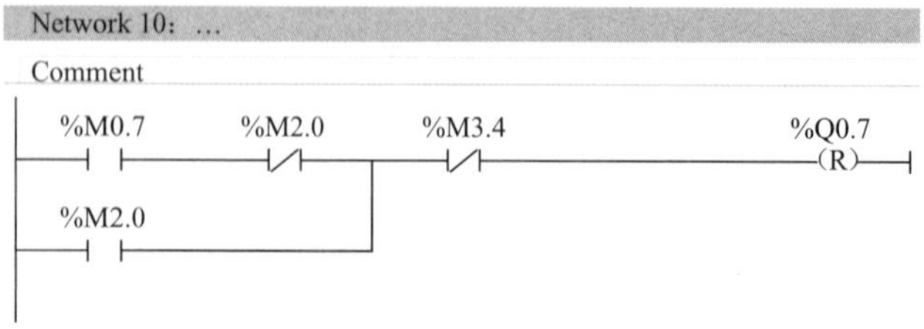

Network 10: …
Comment

```
%M0.7    %M2.0    %M3.4              %Q0.7
─┬┤├──────┤/├──────┤/├──────────────(R)──
 │%M2.0
 └┤├──
```

图 4-64　状态指示程序

```
Network 11: ...
  Comment
    %M3.0    %M3.4                          %Q1.0
    ——| |——————|/|——————————————————————————(R)——
```

图 4-64 状态指示程序（续）

(2) 加工控制

如果本站处于允许加工状态，并且检测有物料，就延时调用 M20.1，程序如图 4-65 所示。

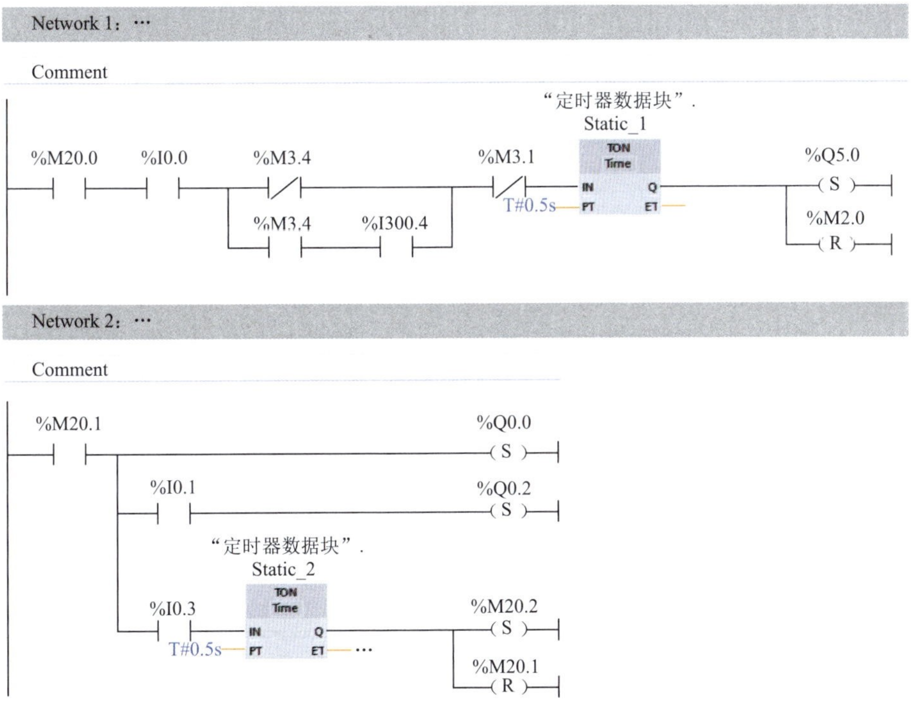

```
Network 1: ...
  Comment
                                  "定时器数据块".
                                     Static_1
  %M20.0  %I0.0   %M3.4    %M3.1    TON Time              %Q5.0
  ——| |————| |——┬—|/|——┬—————|/|————IN      Q——————————————(S)——
                │      │          T#0.5s—PT     ET         %M2.0
                │%M3.4 │%I300.4                           ——(R)——
                └—| |——┴—| |——

Network 2: ...
  Comment
  %M20.1                                               %Q0.0
  ——| |——┬————————————————————————————————————————————(S)——
         │  %I0.1                                      %Q0.2
         ├——| |———————————————————————————————————————(S)——
         │              "定时器数据块".
         │                 Static_2
         │  %I0.3          TON Time                   %M20.2
         └——| |————————————IN      Q——————————————————(S)——
                    T#0.5s—PT     ET...               %M20.1
                                                     ——(R)——
```

图 4-65 延时调用 M20.1 程序

夹紧工件，缩回到冲压头下，检测缩回到位，延时调用 M20.2，进行冲压操作，程序如图 4-66 所示。

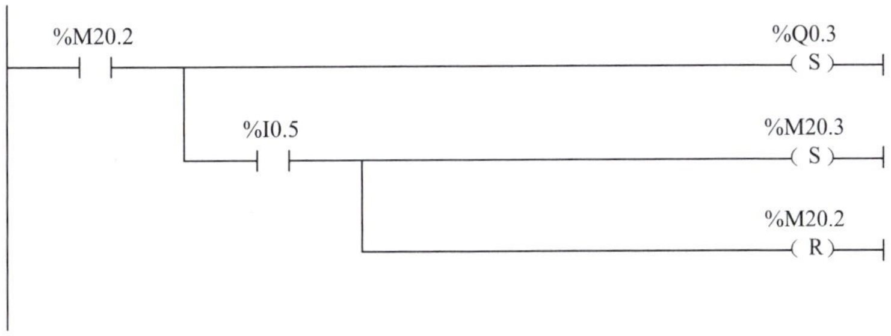

```
  %M20.2                                              %Q0.3
  ——| |——┬————————————————————————————————————————————(S)——
         │  %I0.5                                     %M20.3
         └——| |————————————————————————————————————————(S)——
                                                      %M20.2
                                                     ——(R)——
```

图 4-66 延时调用 M20.2 程序

调用 M20.3，冲压完成后，加工台伸出，松夹，加工完成后，向主站发信号，程序如图 4-67 所示。

图 4-67 加工完成程序

4．装配单元程序设计

装配系统控制要求：加工单元物料台的物料检测传感器检测到工件后，执行把待加工工件从物料台移送到加工区域冲压气缸的正下方；完成对工件的冲压加工，然后把加工好的工件重新送回物料台的工件加工工序。操作结束，向系统发出加工完成信号。

根据控制要求，装配单元手动模式与加工单元相同；联机模式程序包括下料控制、抓料控制、指示灯控制和通信控制四部分。

装配单元下料控制流程图，如图 4-68（a）所示。

装配单元抓料控制流程图，如图 4-68（b）所示。

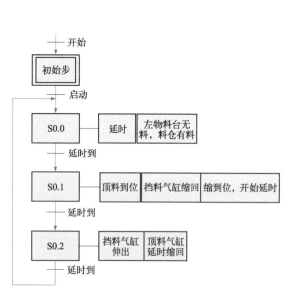

(a) 装配单元下料控制流程图

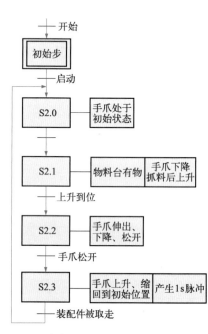

(b) 装配单元抓料控制流程图

图 4-68 装配单元的控制流程图

装配单元 PLC 的 I/O 地址分配表如表 4-16 所示。

表 4-16　装配单元 PLC 的 I/O 地址分配表

输入信号				输出信号			
序号	PLC 输入点	信号名称	信号来源	序号	PLC 输出点	信号名称	信号来源
1	I0.0	物料不足检测		1	Q0.0	挡料电磁阀	
2	I0.1	物料有无检测		2	Q0.1	顶料电磁阀	
3	I0.2	物料左检测		3	Q0.2	回转电磁阀	
4	I0.3	物料右检测		4	Q0.3	手爪夹紧电磁阀	
5	I0.4	物料台物料检测		5	Q0.4	手爪下降电磁阀	
6	I0.5	顶料到位检测		6	Q0.5	手爪伸出电磁阀	
7	I0.6	顶料复位检测		7	Q0.6	红色警示灯	
8	I0.7	挡料状态检测		8	Q0.7	黄色警示灯	
9	I1.0	落料状态检测		9	Q1.0	绿色警示灯	
10	I1.1	旋转缸左限位检测		10	Q1.1		
11	I1.2	旋转缸右限位检测		11	Q2.0		
12	I1.3	手爪夹紧检测	按钮/指示灯模块	12	Q2.1		
13	I1.4	手爪下降到位检测		13	Q2.2		
14	I1.5	手爪上升到位检测		14	Q2.3		
15	I1.6	手爪缩回到位检测		15	Q2.4		
16	I1.7	手爪伸出到位检测		16	Q2.5	黄色指示灯	
17	I2.0			17	Q2.6	绿色指示灯	
18	I2.1			18	Q2.7	红色指示灯	
19	I2.2						
20	I2.3						
21	I2.4	停止按钮					
22	I2.5	启动按钮					
23	I2.6	急停按钮					
24	I2.7	单机/联机					

(1) 站主程序

装配单元主程序，如图 4-69、图 4-70 所示。

图 4-69　装配单元主程序

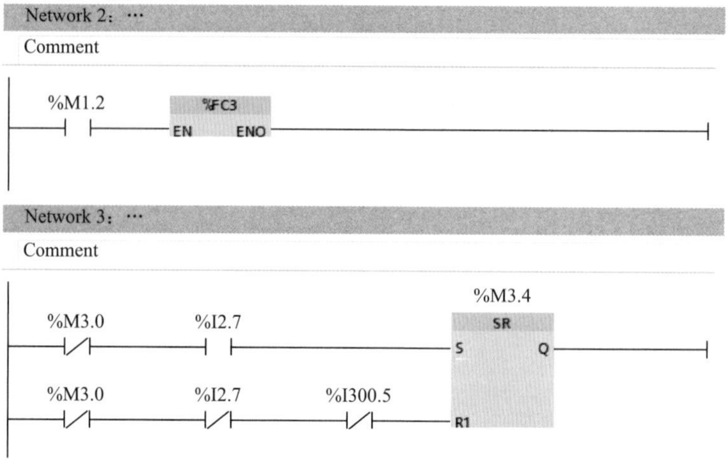

```
Network 2: ...
  Comment

    %M1.2        %FC3
    ──┤├──────┤EN   ENO├─────────────────

Network 3: ...
  Comment
                                              %M3.4
    %M3.0      %I2.7                           SR
    ──┤/├──────┤├──────────────────────────┤S    Q├──

    %M3.0      %I2.7      %I300.5
    ──┤/├──────┤/├────────┤/├──────────────┤R1      ├
```

图 4-69 装配单元主程序（续）

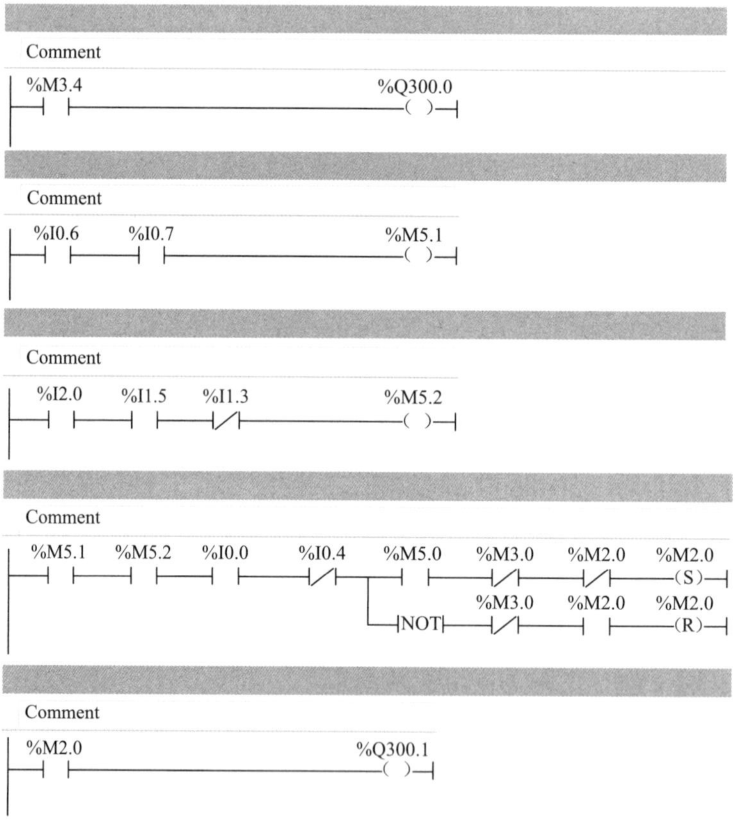

```
  Comment
    %M3.4                              %Q300.0
    ──┤├──────────────────────────────────( )──

  Comment
    %I0.6      %I0.7                   %M5.1
    ──┤├────────┤├─────────────────────( )──

  Comment
    %I2.0      %I1.5      %I1.3        %M5.2
    ──┤├────────┤├─────────┤/├─────────( )──

  Comment
    %M5.1  %M5.2  %I0.0  %I0.4  %M5.0  %M3.0  %M2.0   %M2.0
    ──┤├────┤├─────┤├─────┤/├───┤├─────┤/├────┤/├────( S )──
                                  │    %M3.0  %M2.0   %M2.0
                                  └─|NOT|─┤/├──┤├────( R )──

  Comment
    %M2.0                              %Q300.1
    ──┤├──────────────────────────────────( )──
```

图 4-70 装配单元主程序

启动操作，按下启动按钮后，进入运行状态，可依次进入落料控制和抓取控制。

单站运行方式下，在运行中曾经按下停止按钮，M3.1 ON；全线运行方式下，调用落料控制子程序和抓取控制子程序，如图 4-71 所示。

如果按下停止按钮，可分别使落料控制和抓取控制复位，程序如图 4-72 所示。

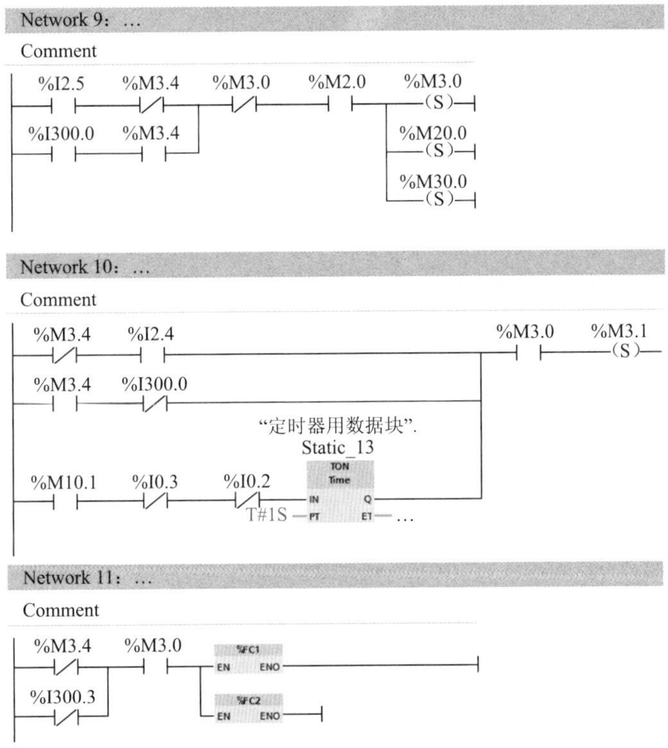

图 4-71 调用落料控制子程序和抓取控制子程序

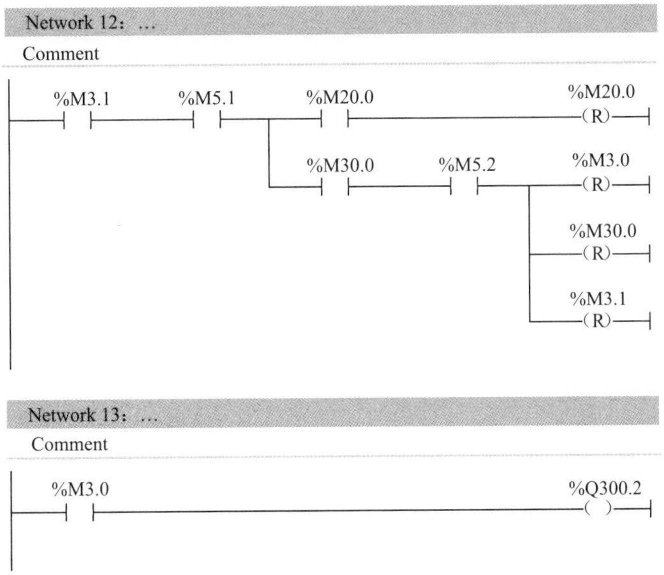

图 4-72 按下停止按钮后的程序

(2) 落料控制

左旋到位或右旋到位，物料无，延时调 M20.1，程序如图 4-73 所示。

顶料驱动后，延时调用落料驱动，使挡料电磁阀缩回/伸出，检测到位后转至顶料状态，顶料电磁阀缩回/伸出到位后转至落料驱动，程序如图 4-74 所示。

图 4-73 延时调用 M20.1 程序

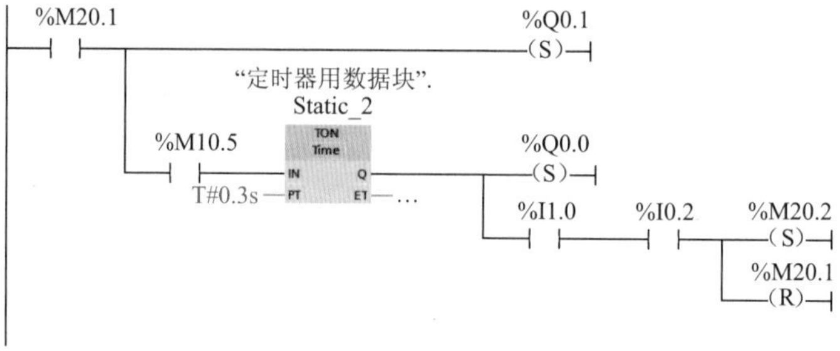

图 4-74 落料驱动程序

顶料复位后，延时返回 M20.0，程序如图 4-75 所示。

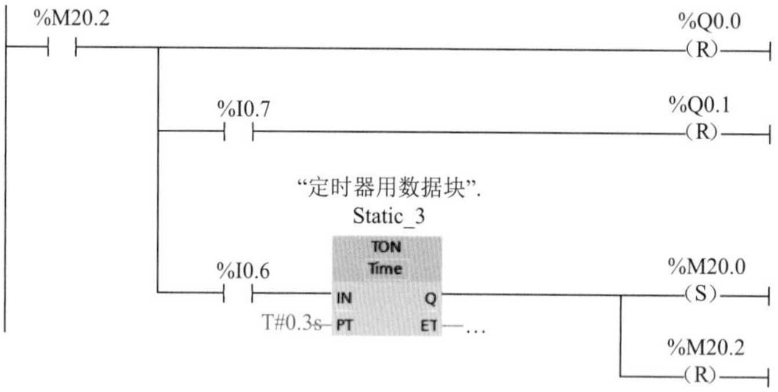

图 4-75 延时返回 M20.0 程序

摆台控制程序，如图 4-76 所示。

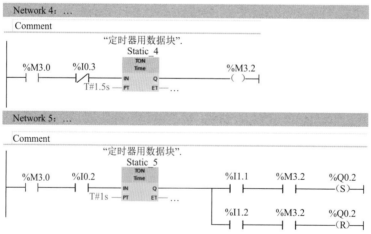

图 4-76 摆台控制程序

(3) 抓取控制

装配台检测有工件时，延时调用升降驱动，检测到升降到位后，调用夹紧驱动，程序如图 4-77 所示。

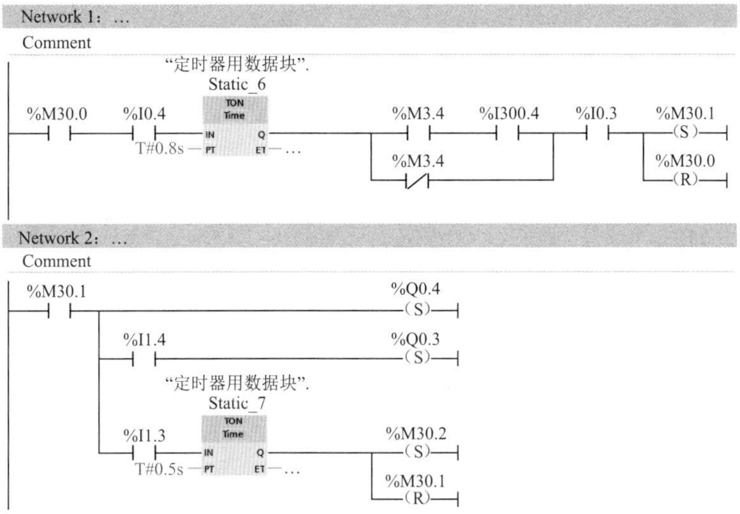

图 4-77 升降夹紧驱动程序

夹紧到位后，转至伸缩驱动，程序如图 4-78 所示。

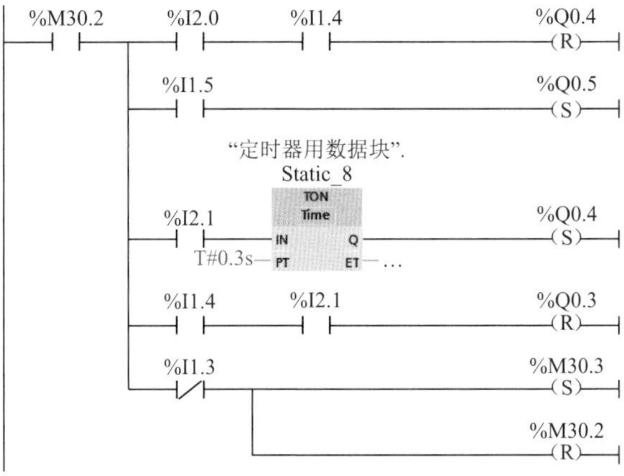

图 4-78 转至伸缩驱动程序

将工件传送到位，使升降驱动、伸缩驱动都复位，并延时转至升降驱动，程序如图 4-79 所示。

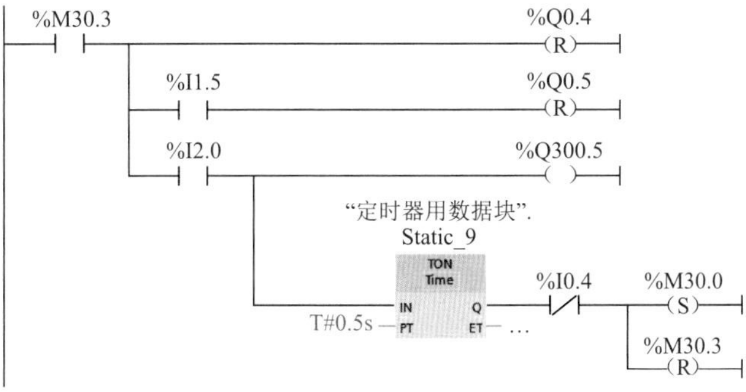

图 4-79 转至升降驱动程序

（4）指示灯

图4-80、图4-81可以显示的功能如下：

① 设备准备好时 HL1 长亮，否则，以 1 Hz 频率闪烁。

② 若设备准备好，按下启动按钮，HL2 长亮。

③ 在运行中发生"零件不足"报警时，HL3 以 1 Hz 的频率闪烁，HL1 和 HL2 长亮。

④ 在运行中发生"零件没有"报警时，HL3 以亮 1 s，灭 0.5 s 的方式闪烁，HL2 熄灭，HL1 长亮。

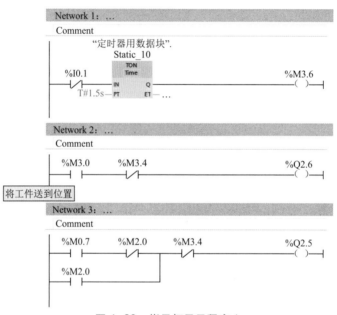

图 4-80　指示灯显示程序 1

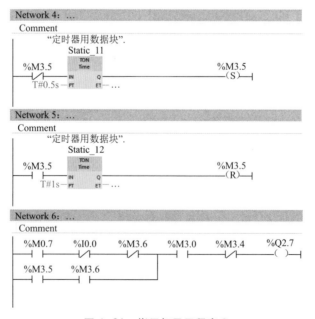

图 4-81　指示灯显示程序 2

联机后，系统复位，黄灯显示，如图 4-82 所示，全线运行，绿灯显示，物料不足，红灯显示，如图 4-83 所示。

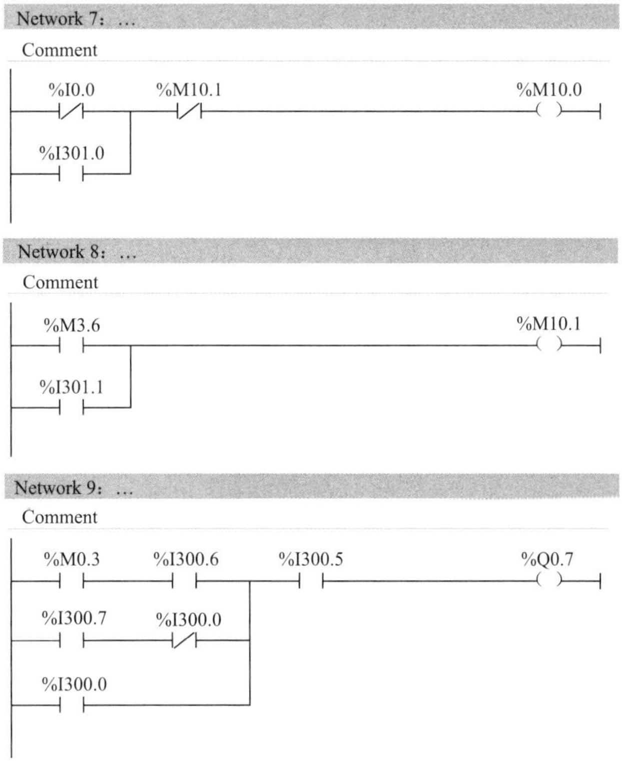

图 4-82 黄灯显示程序

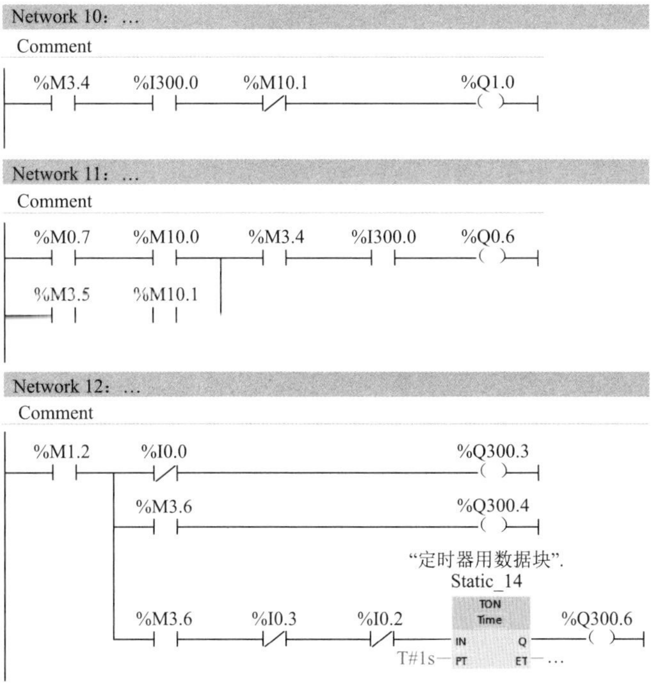

图 4-83 红灯显示程序

5. 分拣单元程序设计

分拣系统控制要求：系统接收到装配完成信号后，输送单元机械手应执行抓取已装配的工件对的操作。然后该机械手装置逆时针旋转90°，步进电动机驱动机械手装置从装配单元向分拣单元运送工件对，到达分拣单元传送带上方入料口后把工件对放下，然后执行返回原点的操作。

根据控制要求，分拣单元主要完成变频器的操作、物料金属与非金属的区别、颜色属性的判别及相应推出操作。

分拣单元控制流程图如图4-84所示。

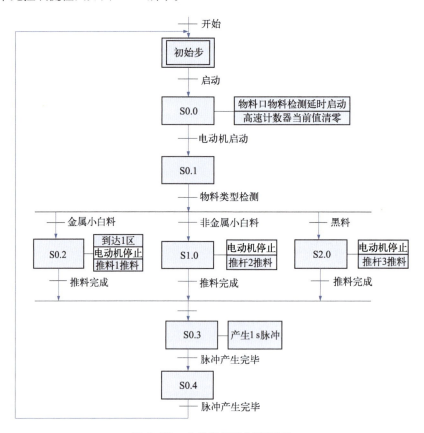

图4-84 分拣单元控制流程图

分拣单元PLC的I/O地址分配表如表4-17所示。

表4-17 分拣单元PLC的I/O地址分配表

输入信号				输出信号			
序号	PLC输入点	信号名称	信号来源	序号	PLC输出点	信号名称	信号来源
1	I0.0	编码器A相		1	Q0.0	变频器控制电动机正转	
2	I0.1	编码器B相		2	Q0.1	变频器控制电动机反转	
3	I0.2	编码器Z相	按钮/指示灯端子排	3	Q0.2	推杆一电磁阀	
4	I0.3	物料口检测传感器		4	Q0.3	推杆二电磁阀	
5	I0.4	光纤传感器检测		5	Q0.4	推杆三电磁阀	
6	I0.5	金属传感器检测		6	Q0.5		
7	I0.6			7	Q0.6		

续表

输入信号				输出信号			
序号	PLC 输入点	信号名称	信号来源	序号	PLC 输出点	信号名称	信号来源
8	I0.7	推杆一到位检测	按钮/指示灯端子排	8	Q0.7	黄色指示灯	
9	I1.0	推杆二到位检测		9	Q1.0	绿色指示灯	
10	I1.1	推杆三到位检测		10	Q1.1	红色指示灯	
11	I1.2	停止按钮		11	0M	模拟量输出公共端	
12	I1.3	启动按钮		12	0	变频器频率给定	
13	I1.4	急停按钮					
14	I1.5	单机/联机					

(1) 主程序

分拣站处于初始状态,开关打到联机并且得到联机信号,分拣站联机开关置于联机方式使分拣处于联机状态,如图4-85所示。

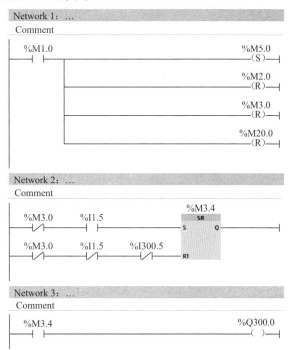

图 4-85 主程序

初态检查完毕,推杆一、推杆二、推杆三未到位时准备就绪,使分拣站处于初始状态,此时按下启动按钮使该站处于运行状态。如图4-86所示,在单机运行方式下,在运行时按下停止按钮,得到停止指令,如图4-87所示。

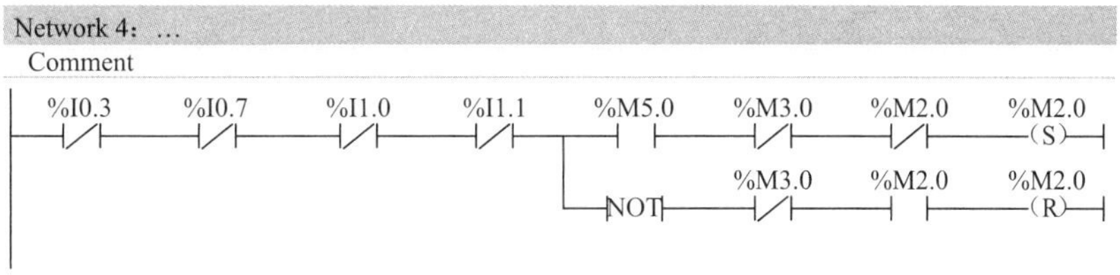

图 4-86 初态检查及启动程序

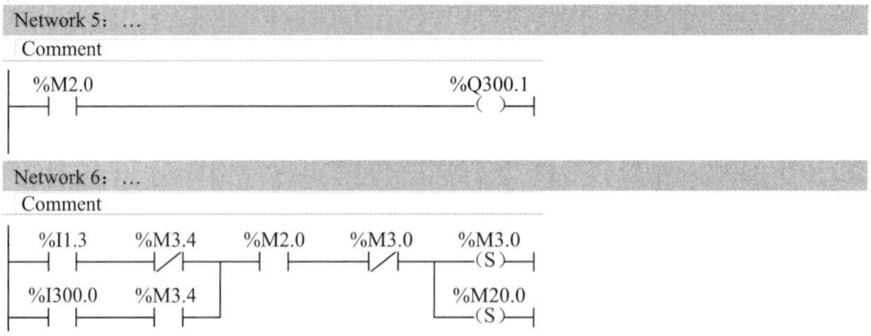

图 4-86 初态检查及启动程序（续）

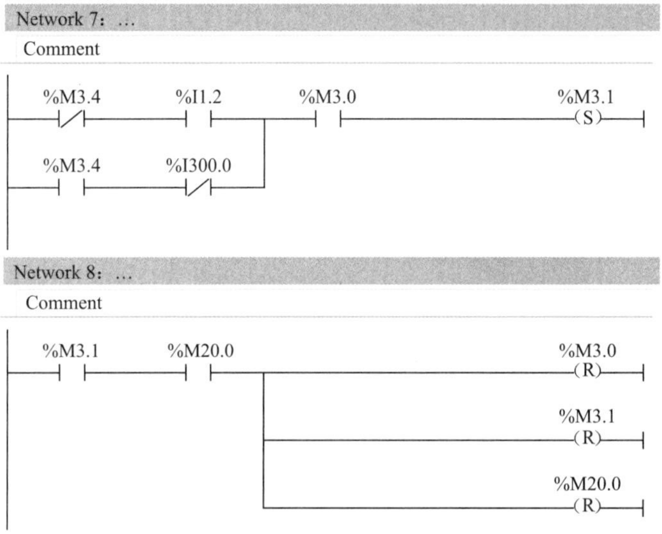

图 4-87 停止程序

在运行状态联机方式下，对变频器的参数进行设置并进行模数转换，此时在运行状态可启动分拣控制子程序，如图 4-88 所示，准备就绪后其指示灯点亮，进入运行状态，运行指示灯点亮，如图 4-89 所示。

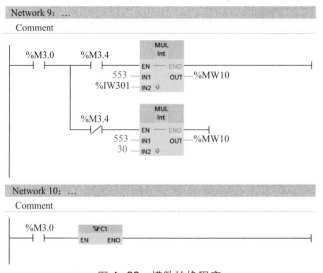

图 4-88 模数转换程序

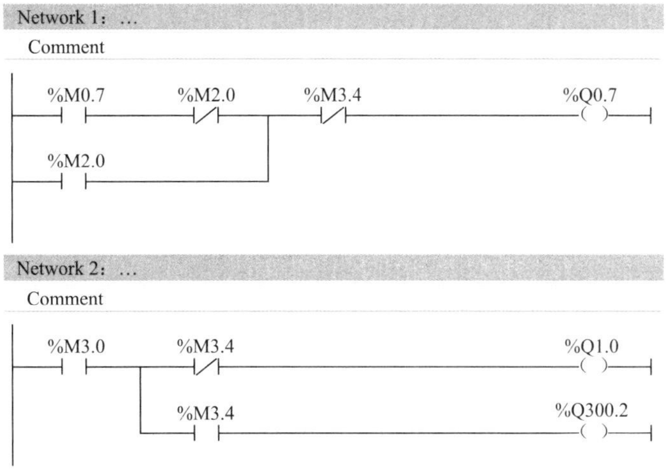

图 4-89 指示灯显示

（2）分拣子程序控制

物料口物料检测延时启动，高速计数器当前值清零，如图 4-90 所示。

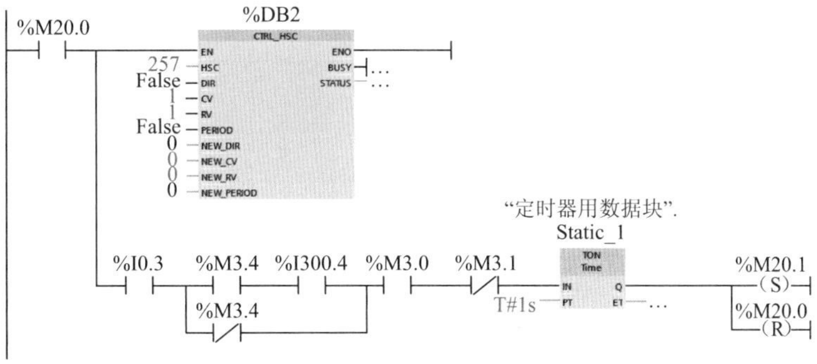

图 4-90 调用高速计数器程序

电动机启动，传送带运行，进入区分工件属性程序，如图 4-91 所示。

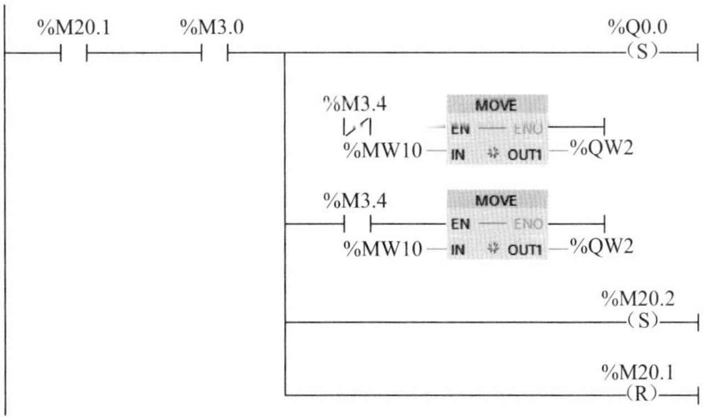

图 4-91 电动机启动程序

进行工件属性检测程序，如图 4-92 所示，金属外壳工件进入料槽 1，白色芯或金属芯工件进入料槽 2，黑色芯工件进入料槽 3，工件流向分析程序，如图 4-93 所示。

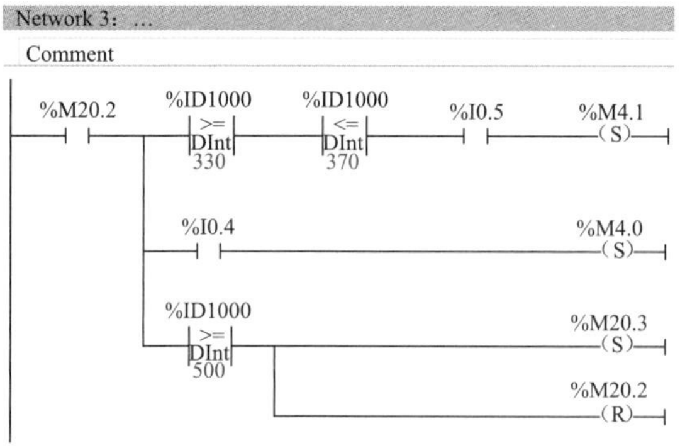

图 4-92 工件属性检测程序

电动机停止,推杆一推料,推到位时推料完成,转入 S0.3 并产生 1 s 周期的金属料分拣完成脉冲。

图 4-93 工件流向分析程序

当高速计数器的值大于 600,电动机停止,推杆一推料,推到位后,推料完成,如图 4-94 所示。

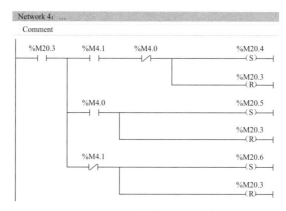

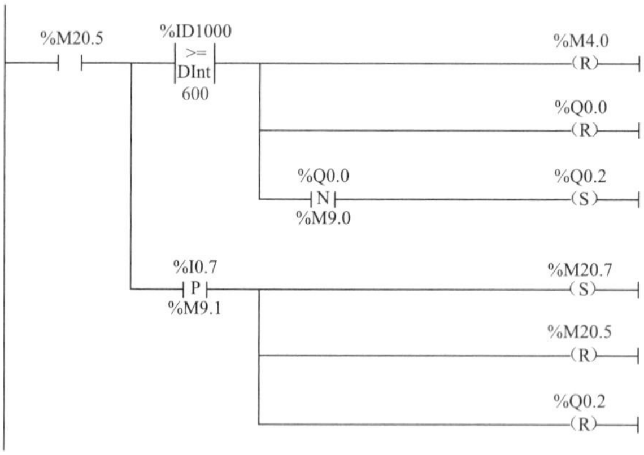

图 4-94 推杆一推料程序

当高速计数器的值大于 970,电动机停止,推杆二推料,推到位后,推料完成,如图 4-95 所示。

当高速计数器的值大于 1 350 电动机停止,推杆三推料,推到位后,推料完成,如图 4-96 所示。

推料完成后发送 1 s 周期的分拣完成信号,返回初始步,如图 4-97 所示。

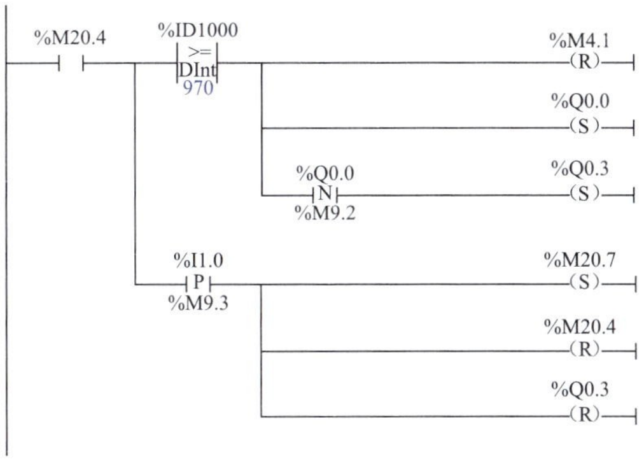

图 4-95 推杆二推料程序

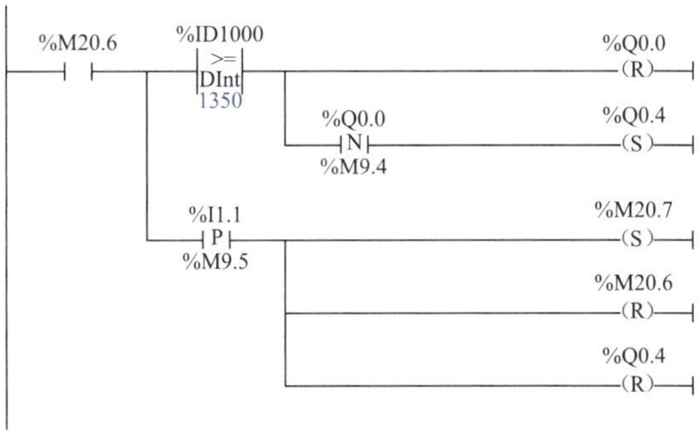

图 4-96 推杆三推料程序

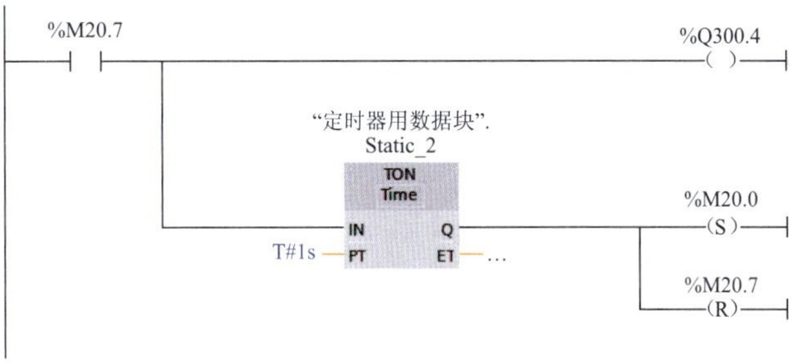

图 4-97 发送分拣完成信号程序

教师、学生可根据表 4-18 所示进行程序编写与程序调试的评分。

表 4-18 程序编写与程序调试考核技能评分表

姓名			同组		开始时间			
专业/班级					结束时间			
项目内容	考核要求	配分		评分标准		扣分	自评	互评
网络连接与通信	1. 网络连接正确；2. 通信正常	20		网络连接造成不能通信或通信不正常，每处扣 2 分				
主站程序设计	正确设计主站程序	20		主站程序设计出错，每处扣 3 分				

续表

项目内容	考核要求	配分	评分标准	扣分	自评	互评
总程序调试	整体程序调试成功	20	整体调试未成功，扣20分			
排除故障	能够排除电路故障	10	有故障未排除，每处扣20分			
职业素养与安全意识	现场操作安全保护符合安全操作规程；工具摆放、包装物品、导线线头等的处理符合职业岗位的要求；团队合作有分工又合作，配合紧密；遵守赛场纪律，尊重赛场工作人员，爱惜赛场的设备和器材，保持工位的整洁	10	—			
教师点评：			成绩（教师）：		总成绩：	

（3）检查（略）

知识、技能归纳

多个PLC控制的不同工作单元，要想实现自动控制离不开PLC网络通信。PLC网络通信的方式有多种，PROFINET通信是工业现场常用的方式，PROFINET是开放的、标准的、实时的工业以太网标准。PROFINET作为基于以太网的自动化标准，它定义了跨厂商的通信、自动化系统和工程组态模式。借助PROFINET IO实现一种允许所有站随时访问网络的交换技术。作为PROFINET的一部分，PROFINET IO是用于实现模块化、分布式应用的通信概念。这样，通过多个节点的并行数据传输可更有效地使用网络。

工程素质培养

思考一下：PLC网络连接的类型有哪些？它们分别怎么连接？通信协议有几种？怎样进行数据通信？查阅S7-1200系统手册及相关的参考书。

▶ 任务五　自动化生产线调试与故障分析

任务目标

能进行YL-335B型自动化生产线手动工作模式测试。

若要获得"可编程序控制系统设计师职业资格证"，需要满足的系统调试的要求如表4-19所示。

表4-19　"可编程序控制系统设计师职业资格证"系统调试的要求

工作内容	能力要求	相关知识
检验信号	1. 能校验现场开关量输入/输出信号的连接是否正确； 2. 能校验现场模拟量输入/输出信号的连接是否正确； 3. 能检查模拟量输入/输出单元设置是否正确	1. 万用表等常用检测设备的使用方法； 2. 现场连线的检查方法； 3. 模拟量单元信号的检测方法
联机调试	1. 能利用编程工具调试梯形图等控制程序； 2. 能联机调试由数字量、模拟量组成的单机控制系统的控制程序	1. PLC控制系统的现场调试方法； 2. 工具软件的调试方法

根据系统的控制流程图，已经编制完成了YL-335B型自动化生产线各生产单元的控制程

序，并通过通信电缆下载到生产单元的 PLC 模块中。YL-335B 的每一工作单元都可自成一个独立的系统，同时也可以通过网络互连构成一个分布式的控制系统。为了确保所编制程序能够完全实现所要求的功能，需要根据不同的工作模式进行测试，系统的工作模式分为单站工作和全线运行模式。单站与全线工作模式的选择由各工作单元按钮/指示灯模块中的选择开关，并且结合人机界面触摸屏上的模式选择来实现。

注意事项：

在全线运行模式下，只有输送单元按钮/指示灯模块的紧急停止按钮起作用，其他各站的按钮/指示灯模块主令信号均操作无效。

子任务一　YL-335B 型自动化生产线系统手动工作模式测试

手动工作模式（单站工作模式）可以对各单元进行分步测试，介绍如下：

1．分拣单元的手动测试

在手动工作模式下，需在分拣单元侧首先把该站模式转换开关换到单站工作模式，然后用该站的启动/停止按钮操作，单步执行指定的测试项目（测试时传送带上工件用人工放下）。要从分拣单元手动测试方式切换到全线运行方式，须待分拣单元传送带完全停止后有效。只有在前一项测试结束后，才能按下启动/停止按钮，进入下一项操作。推杆气缸活塞的运动速度通过节流阀进行调节。

2．供料单元的手动测试

在手动工作模式下，需在供料单元侧首先把该站模式转换开关换到单站工作模式，然后用该站的启动/停止按钮操作，单步执行指定的测试项目（应确保料仓中至少有三件工件）。要从供料单站运行方式切换到全线运行方式，须待供料单元停止运行，且供料单元料仓内至少有三件以上工件才有效。必须在前一项测试结束后，才能按下启动/停止按钮，进入下一项操作。顶料和推料气缸活塞的运动速度通过节流阀进行调节。

3．加工单元的手动测试

在手动工作模式下，操作人员需在加工单元侧首先把该站模式转换开关换到单站工作模式，然后用该站的启动/停止按钮操作，单步执行指定的测试项目。要从加工单元手动测试方式切换到自动运行方式，须按下停止按钮，且料台上没有工件才有效。必须在前一项测试结束后，才能按下启动/停止按钮，进入下一项操作。气动手指和冲压头气缸活塞的运动速度通过节流阀进行调节。

4. 装配单元的手动测试

在手动工作模式下，操作人员需在装配单元侧首先把该站模式转换开关换到单站工作模式，然后用该站的启动/停止按钮操作，单步执行指定的测试项目（应确保料仓中至少有三件以上工件）。要从装配单元手动测试方式切换到全线运行方式，在停止按钮按下，且料台上没有装配完的工件才有效。必须在前一项测试结束后，才能按下启动/停止按钮，进入下一项操作。顶料和挡料气缸、气动手指和气动摆台活塞的运动速度通过节流阀进行调节。

5. 输送单元的手动测试

在手动工作模式下，操作人员需在输送单元侧首先把该站模式转换开关换到单站工作模式，然后用该站的启动/停止按钮操作，单步执行指定的测试项目。要从手动测试方式切换到全线运行方式，须待按下停止按钮，且供料单元物料台上没有工件。必须在前一项测试结束后，才能按下启动/停止按钮，进入下一项操作。气动手指和气动摆台活塞的运动速度通过节流阀进行调节。步进电动机脉冲驱动计数准确。

子任务二　自动化生产线自动工作模式测试

1. 自动化生产线全线运行模式下的运行调试

全线运行模式下各工作站部件的工作顺序以及对输送单元机械手装置运行速度的要求，与单站运行模式一致。全线运行步骤如下：

(1) 复位过程

系统加电，网络正常后开始工作。触摸人机界面上的复位按钮，执行复位操作，在复位过程中，绿色警示灯以 2 Hz 的频率闪烁。红色和黄色警示灯均熄灭。

复位过程包括：使输送单元机械手装置回到原点位置和检查各工作站是否处于初始状态。各工作单元初始状态是指：

① 各工作单元气动执行元件均处于初始位置。
② 供料单元料仓内有足够的待加工工件。
③ 装配单元料仓内有足够的小圆柱工件。
④ 输送单元的紧急停止按钮未按下。

当输送单元机械手装置回到原点位置，且各工作站均处于初始状态，则复位完成，绿色警示灯长亮，表示允许启动系统。这时若触摸人机界面上的启动按钮，系统启动，绿色和黄色警示灯均长亮。

(2) 供料单元的运行

系统启动后，若供料单元的出料台上没有工件，则应把工件推到出料台上，并向系统发出出料台上有工件信号。若供料单元的料仓内没有工件或工件不足，则向系统发出报警或预警信号。出料台上的工件被输送单元机械手取出后，若系统仍然需要推出工件进行加工，则进行下一次推出工件操作。

(3) 输送单元的运行 1

当工件推到供料单元出料台后，输送单元抓取机械手装置应执行抓取供料单元工件的操作。动作完成后，伺服电动机驱动机械手装置移动到加工单元加工物料台的正前方，然后把工件放到加工单元的加工台上。

(4) 加工单元运行

加工单元加工台的工件被检出后，执行加工过程。当加工好的工件重新送回待料位置后，向系统发出冲压加工完成信号。

(5) 输送单元的运行 2

系统接收到加工完成信号后，输送单元机械手应执行抓取已加工工件的操作。抓取动作完成后，伺服电动机驱动机械手装置移动到装配单元物料台的正前方。然后把工件放到装配单元物料台上。

(6) 装配单元运行

装配单元物料台的传感器检测到工件到来后，开始执行装配过程。装入动作完成后，向系统发出装配完成信号。

如果装配单元的料仓或料槽内没有小圆柱工件或工件不足，应向系统发出报警或预警信号。

(7) 输送单元运行 3

系统接收到装配完成信号后，输送单元机械手应抓取已装配的工件，然后从装配单元向分拣单元运送工件，到达分拣单元传送带上方入料口后把工件放下，然后执行返回原点的操作。

(8) 分拣单元运行

输送单元机械手装置放下工件、缩回到位后，分拣单元的变频器即可启动，驱动传动电动机以最高运行频率的 80%（由人机界面指定）的速度运行，把工件带入分拣区进行分拣，工件分拣原则与单站运行相同。当分拣气缸活塞杆推出工件并返回后，应向系统发出分拣完成信号。

(9) 停止指令的处理

仅当分拣单元分拣工作完成，并且输送单元机械手装置回到原点，系统的一个工作周期才认为结束。如果在工作周期期间没有触摸过停止按钮，系统在延时 1 s 后开始下一周期工作。如果在工作周期期间曾经触摸过停止按钮，系统工作结束，警示灯中黄色灯熄灭，绿色灯仍保持长亮。系统工作结束后若再按下启动按钮，则系统又重新工作。

2. 一些异常工作状态的测试

(1) 工件供给状态的信号警示

如果发生来自供料单元或装配单元的"工件不足够"的预报警信号或"工件没有"的报警信号，则系统动作如下：

① 如果发生"工件不足够"的预报警信号，警示灯中红色灯以 1 Hz 的频率闪烁，绿色和黄色灯保持长亮。

② 如果发生"工件没有"的报警信号，警示灯中红色灯以亮 1 s，灭 0.5 s 的方式闪烁，黄色灯熄灭，绿色灯保持长亮。

若"工件没有"的报警信号来自供料单元，且供料单元物料台上已推出工件，系统继续运行，直至完成该工作周期尚未完成的工作。当该工作周期工作结束，系统将停止工作，除非"工件没有"的报警信号消失，否则系统不能再启动。

若"工件没有"的报警信号来自装配单元，且装配单元回转台上已落下小圆柱工件，系统继续运行，直至完成该工作周期尚未完成的工作。当该工作周期工作结束，系统将停止工作，除非"工件没有"的报警信号消失，否则系统不能再启动。

(2) 急停与复位

系统工作过程中按下输送单元的急停按钮，则系统立即全线停车。在急停复位后，应从急停前的断点开始继续运行。但若急停按钮按下时，输送单元机械手装置正在向某一目标点移动，则急停复位后输送单元机械手装置应首先返回原点位置，然后再向原目标点运动。

3. 自动生产线全线运行模式下的故障分析

（1）检查通信网络系统、主控制回路和警示灯接通情况

测试状况：

① 系统控制通信网络连接已经完成，相对应的 PLC 模块的输入/输出点的 LED 能够正常亮起。

② 系统主令工作信号由人机界面触摸屏提供，安装在装配单元的警示灯应能显示整个系统的主要工作状态，包括加电复位、启动、停止、报警等。

（2）对系统的复位功能进行检测

测试状况：

① 系统在加电后，首先执行复位操作，使输送单元机械手装置应该自动回到原点位置，此时绿色警示灯以 1 Hz 的频率闪烁。

② 输送单元机械手装置回到原点位置后，复位完成，绿色警示灯长亮，表示允许启动系统。

输送单元机械手装置不能回到原点位置，故障产生的原因主要有：

① 输送单元机械手的急停按钮没有复位。

② 各从站的初始位置不正确。

③ 各从站有急停按钮没有复位。

④ 步进电动机或驱动模块有故障。

⑤ 同步带与同步轮间有打滑现象。

⑥ 输送单元的 S7-1200 PLC 模块没有发出正常脉冲。

⑦ 支撑输送单元底板运动的双直线导轨发生故障。

只有在消除以上故障产生的原因后，才能允许启动系统。

（3）通过运行指示灯检测系统启动运行情况

测试状况：

按下启动按钮，系统启动，绿色和黄色警示灯均长亮。

如果系统不能够正常启动，其故障产生原因主要有：

① 输送单元复位时，没有回到原点位置。

② 原点位置检测行程开关出现故障。

③ 各从站的初始位置不正确。

④ 输送单元复位时，没有回到原点位置。

如果绿色和黄色警示灯均显示异常，其故障产生原因主要有：

① 原点位置检测行程开关出现故障。

② 装配单元料仓中工件数量不足。

③ 供料单元料仓中工件数量不足。

④ 装配单元料仓中工件自重掉落故障。

⑤ 供料单元料仓中工件自重掉落故障。

（4）检测供料单元供给工件情况

测试状况：

① 系统启动后，供料单元顶料气缸的活塞杆推出，压住次下层工件；然后使推料气缸活塞杆推出，从而把最下层待加工工件推到物料台上，接着把供料操作完成信号存储到供料单元

PLC模块的数据存储区,等待主站读取;并且推料气缸缩回,顶料气缸缩回,准备下一次推料。

② 若供料单元的料仓没有工件或工件不足,则将报警或预警信号存储到供料单元PLC模块的数据存储区,等待主站读取。

③ 物料台上的工件被输送单元机械手取出后,若系统启动信号仍然为ON,则进行下一次推出工件操作。

如果顶料气缸不能够完成推料动作,或者将工件推倒,其故障产生原因主要有:

① 气缸动作气路压力不足。
② 节流阀的调节量过小,使气压不足。
③ 节流阀的调节量过大,使气缸动作过快。
④ 料仓中的工件不能够自行掉落到位。
⑤ 气缸动作电磁阀故障。
⑥ 料仓中无工件。

(5) 检查输送单元能否准确抓取供料单元上的工件情况

测试状况:

在工件推到供料单元物料台后,输送单元抓取机械手装置应移动到供料单元物料台的正前方,然后执行抓取供料单元工件的操作。

如果物料台上的工件没有被输送单元机械手抓取,其故障产生的原因有:

① 输送单元没有读取到供料单元的推料完成信号。
② 供料单元料台上的工件检测传感器故障。
③ 输送单元气缸动作气路压力不足。
④ 节流阀的调节量过小,使气压不足。
⑤ 输送单元各气缸动作电磁阀故障。

(6) 检测输送单元机械手抓取工件从供料单元输送到加工单元的情况

测试状况:

① 抓取动作完成后机械手手臂应缩回。
② 伺服电动机驱动机械手装置移动到加工单元物料台的正前方。
③ 按机械手手臂伸出→手臂下降→手爪松开→手臂缩回的动作顺序把工件放到加工单元物料台上。

如果抓取动作完成后机械手手臂不能缩回,其故障产生原因主要有:

① 输送单元手爪位置检测传感器故障。
② 输送单元气缸动作气路压力不足。
③ 节流阀的调节量过小,使气压不足。
④ 输送单元各气缸动作电磁阀故障。

(7) 检查加工单元对工件进行加工的情况

测试状况:

① 加工单元物料台的物料检测传感器检测到工件后,气动手指夹持待加工工件。
② 伸缩气缸将工件从物料台移送到加工区域冲压气缸冲压头的正下方,完成对工件的冲压加工。
③ 伸缩气缸伸出,气动手指把加工好的工件重新送回物料台后松开。
④ 将加工完成信号存储到加工单元PLC模块的数据存储区,等待主站读取。

如果气动手指夹持待加工工件动作不正常，其故障产生的原因有：

① 加工单元手爪位置检测传感器故障。

② 加工单元气缸动作气路压力不足。

③ 节流阀的调节量过小，使气压不足。

④ 加工单元各气缸动作电磁阀故障。

(8) 检查输送单元将工件从加工单元取走的情况

测试状况：

输送单元读取到加工完成信号后，输送单元机械手按手臂伸出→手爪夹紧→手臂提升→手臂缩回的动作顺序取出加工好的工件。

如果输送单元机械手动作不正常，其故障产生原因主要有：

① 输送单元机械手手爪位置检测传感器故障。

② 输送单元机械手气缸动作气路压力不足。

③ 节流阀的调节量过小，使气压不足。

④ 输送单元各气缸动作电磁阀故障。

(9) 检测输送单元的机械手能否将工件准确送到装配单元

测试状况：

① 伺服电动机驱动夹着工件的机械手装置移动到装配单元物料台的正前方。

② 按机械手手臂伸出→手臂下降→手爪松开→手臂缩回的动作顺序把工件放到装配单元物料台上。

如果伺服电动机驱动夹着工件的机械手装置不能准确移动到装配单元物料台的正前方，其故障产生的原因有：

① 伺服电动机或驱动模块有故障。

② 同步带与同步轮间有打滑现象。

③ 输送单元的S7-1200 PLC模块没有发出正常脉冲。

④ 支撑输送单元底板运动的双直线导轨发生故障。

(10) 检测装配单元的工件装配过程

测试状况：

① 装配单元物料台的传感器检测到工件到来后，料仓上面顶料气缸活塞杆伸出，把次下层的物料顶住，使其不能下落；下方的挡料气缸活塞杆缩回，物料掉入回转物料台的料盘中，然后挡料气缸复位伸出，顶料气缸缩回，次下层物料下落，为下一次分料做好准备。

② 回转物料台顺时针旋转180°（右旋），到位后装配机械手下降→手爪抓取小圆柱→手爪提升→手臂伸出→手爪下降→手爪松开→装配机械手装置返回初始位置，把小圆柱工件装入大工件中，并将装配完成信号存储到装配单元PLC模块的数据存储区，等待主站读取。

③ 装配机械手单元复位的同时，回转送料单元逆时针旋转180°（左旋）回到原位。

④ 如果装配站的料仓内没有小圆柱工件或工件不足，则发出报警或预警信号并将其存入PLC模块的数据存储区，等待主站读取。

如果挡料气缸或顶料气缸不正常动作，其故障产生原因主要有：

① 物料检测传感器故障。

② 气缸动作气路压力不足。

③ 节流阀的调节量过小，使气压不足。
④ 各气缸动作电磁阀故障。

(11) 检测输送单元从装配单元把工件运送到分拣单元的过程

测试状况：

① 输送单元机械手伸出并抓取该工件后，逆时针旋转90°，步进电动机驱动机械手装置从装配单元向分拣单元运送工件。

② 然后按机械手臂伸出→机械手臂下降→手爪松开放下工件→手臂缩回→返回原点的顺序返回到原点→顺时针旋转90°。

如果输送单元机械手动作不正常，其故障产生原因主要有：

① 输送单元机械手手爪位置检测传感器故障。
② 输送单元机械手气缸动作气路压力不足。
③ 节流阀的调节量过小，使气压不足。
④ 输送单元各气缸动作电磁阀故障。

如果输送单元机械手装置不能准确旋转到分拣单元的入料口，其故障产生的原因有：

① 输送单元机械手气缸动作气路压力不足。
② 节流阀的调节量过小，使气压不足。
③ 输送单元各气缸动作电磁阀故障。
④ 气动摆台动作故障。
⑤ 气动摆台定位不准。

(12) 测试分拣单元的分拣工件过程

测试状况：

① 当输送单元将送来工件放到传送带上并被放入料口，光电传感器检测到时，即可启动变频器，驱动三相减速电动机工作，传送带开始运转。

② 传送带把工件带入分拣区，由光纤传感器和金属传感器检测，如果工件为金属，在正对滑槽1中间位置准确停止，由推杆气缸1推到料槽1中。如果工件为白色，在正对滑槽2中间位置准确停止，由推杆气缸2推到料槽2中。

③ 如果工件为黑色，则传动带继续运行，在正对滑槽3中间位置准确停止，该工件被推杆气缸3推到3号料槽中。

④ 当分拣推料气缸活塞杆推出工件并返回到位后，并将分拣完成信号存入PLC模块的数据存储区，等待主站读取。

如果输送单元送来的工件送到入料口传送带不启动，其故障产生原因主要有：

① 入料口处工件检测传感器故障。
② 分拣单元PLC模块不能发出正常信号启动变频器。
③ 三相减速电动机故障。
④ 传送带故障。

如果传送带停止位置不准确，推杆气缸动作不正常，其故障产生原因主要有：

① 光纤传感器故障。
② 光纤传感器灵敏度调节不准确。
③ 变频器频率参数设置不准确。

④ 推杆气缸动作气路压力不足。
⑤ 节流阀的调节量过小，使气压不足。
⑥ 各气缸动作电磁阀故障。
⑦ 旋转编码器运行不正常。
如果不能准确按照工件颜色分拣及工件推入料槽后传送带不停止，其故障产生原因主要有：
① 光纤传感器故障。
② 光纤传感器灵敏度调节不准确。

(13) 检测分拣单元工作完成后，输送单元的复位过程

测试状况：
① 分拣单元分拣工作完成，并且输送单元机械手装置回到原点，则系统完成一个工作周期。
② 如果在工作周期没有按下过停止按钮，系统在延时 1 s 后开始下一周期工作。
③ 如果在工作周期曾经按下过停止按钮，则本工作周期结束后，系统不再启动，警示灯中黄色灯熄灭，绿色灯仍保持长亮。

注意事项：
① 只有分拣单元分拣工作完成，并且输送单元机械手装置回到原点，系统的一个工作周期才认为结束。如果在工作周期没有按下过停止按钮，系统在延时 1 s 后开始下一周期工作。如果在工作周期曾经按下过停止按钮，系统工作结束，警示灯中黄色灯熄灭，绿色灯仍保持常亮。系统工作结束后若再按下启动按钮，则系统又重新工作。
② 为保证生产线的工作效率和工作精度，检测要求每一工作周期不超过 30 s。

知识、技能归纳

一般对整机系统进行调试时，在每个工作单元，都运用单站按钮/信号灯单元进行测试，先分别保证每一个工作单元都能正常工作，然后让系统总体运行。若不能工作，应先检查每个单元的气缸，传感器是否都处在初始位置或状态，从站料台上是否有工件，所有PLC都应处于运行状态，将输送机构机械手装置放到中间位置，先按复位按钮，再启动系统。根据故障现象，采取相应办法解决。

整机调试不仅要进行手动测试，还要进行自动测试。

工程素质培养

查阅资料，了解气动、传感器、PLC、变频器、步进电动机和驱动模块的知识以及故障解决方法。

第五篇

项目挑战——自动化生产线技术拓展

自动化生产线发展日新月异,需要不断充实新知识、新技术,常用的PROFIBUS、组态、工控机、机器人等在自动化生产线上应用很广泛。

扫一扫

课件

任务一　PROFIBUS技术

任务目标

了解PROFIBUS的基本性能。

PROFIBUS给用户的好处

① 节省硬件和安装费用。减少硬件成分(I/O、终端块、隔离栅),以便更容易、更快捷、低成本地安装。

② 节省工程费用、更容易组态（对所有设备只需一套工具）、更容易保养和维修、更容易和更快捷的系统启动。

③ 提供更大的灵活性。改进功能，减少故障时间，准确、可靠地诊断数据，可靠的数字传输技术。

PROFIBUS 总线是目前国际认可的多种总线标准之一，已广泛应用于制造、石油、冶金、造纸、烟草、电力等行业。它按应用场合分为三个系列：PROFIBUS-DP、PROFIBUS-PA 和 PROFIBUS-FMS。

子任务一 与PROFIBUS的初次见面

PROFIBUS 是一种国际化、开放式、不依赖于设备生产商的现场总线标准。PROFIBUS 传送速率可在 9.6 kbit/s ~ 12 Mbit/s 范围内选择，且当总线系统启动时，所有连接到总线上的装置应该被设成相同的速度。它广泛适用于制造业自动化、流程工业自动化、楼宇自动化和交通电力自动化等，是工业网络系统中的一组快速通信线，相当于有规则的快速路，即信息高速公路。PROFIBUS 有很多出口，每个出口连接一台设备。图 5-1 所示是西门子 PROFIBUS 通信网络应用图。

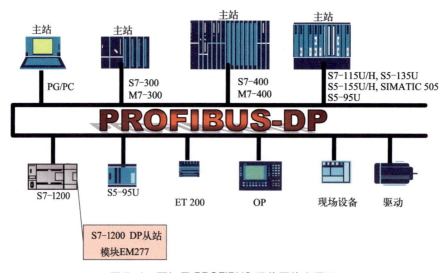

图 5-1 西门子 PROFIBUS 通信网络应用图

子任务二 了解PROFIBUS的基本性能

从查找的资料了解 PROFIBUS 的一些基本知识，下面到企业去调研一下 PROFIBUS-DP 的功能、特征等。

1. PROFIBUS的组成

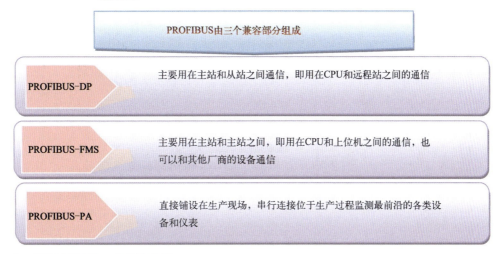

2. PROFIBUS-DP的功能

PROFIBUS-DP用于现场层的高速数据传送。主站可以周期性地读取从站的输入信息并周期性地向从站发送输出信息。总线循环时间必须要比主站（PLC）程序循环时间短。除周期性用户数据传输外，PROFIBUS-DP还提供了智能化设备所需的非周期性通信以进行组态、诊断和报警处理。功能：DP主站和DP从站间的循环用户有数据传送；各DP从站的动态激活和可激活；DP从站组态的检查。强大的诊断功能，三级诊断信息；输入或输出的同步；通过总线给DP从站赋予地址；通过布线对DP主站（DPM1）进行配置，每DP从站的输入和输出数据最大为246 B。

PROFIBUS-DP的主要功能和基本特征分别如表5-1和表5-2所示。

表5-1　PROFIBUS-DP的主要功能

传输技术	RS-485双绞线、双线电缆或光缆。波特率为9.6 kbit/s ~ 12 Mbit/s
同步	控制指令允许输入和输出同步。同步模式：输出同步；锁定模式：输入同步
运行模式	运行—清除—停止
总线存取	各主站间令牌传递，主站与从站间为主从传送。支持单主或多主系统。总线上最多站点（主从设备）数为126
通信	点对点（用户数据传送）或广播（控制指令）。循环主从用户数据传送和非循环主主数据传送
可靠性	所有信息的传输按海明距离HD = 4进行。DP从站带看门狗定时器（Watchdog Timer）。对DP从站的输入/输出进行存取保护。DP主站上带可变定时器的用户数据传送监视
设备类型	第二类DP主站（DPM2）是可进行编程、组态、诊断的设备。第一类DP主站（DPM1）是中央可编程控制器，如PLC、PC等。DP从站是带二进制值或模拟量输入/输出的驱动器、阀门等

表5-2　PROFIBUS-DP的基本特征

速率	在一个有着32个站点的分布系统中，PROFIBUS-DP对所有站点传送512 bit/s输入和512 bit/s输出，在12 Mbit/s时只需1 ms
同步	经过扩展的PROFIBUS-DP诊断能对故障进行快速定位。诊断信息在总线上传输并由主站采集。诊断信息分三级： 本站诊断操作：本站设备的一般操作状态，如温度过高、压力过低 模块诊断操作：一个站点的某具体I/O模块故障 通过诊断操作：一个单独输入／输出位的故障

3．PROFIBUS－DP的使用行规

PROFIBUS-DP 协议明确规定了用户数据如何在总线各站之间传递，但用户数据的含义是在 PROFIBUS 行规中具体说明的。行规还具体规定了 PROFIBUS－DP 如何用于应用领域。使用行规可使不同厂商所生产的不同设备互换使用，而工厂操作人员不必关心两者之间的差异。因为与应用有关的含义在行规中均进行了明确的说明。下面是 PROFIBUS-DP 行规，括号中数字是文件编号。

知识、技能归纳

PROFIBUS 是一种国际化、开放式、不依赖于设备生产商的现场总线标准。它广泛应用于制造业自动化、流程工业自动化、楼宇自动化和交通电力自动化等。

工程素质培养

思考一下：PROFIBUS 有哪些功能？如何分类？

任务二　工控组态

任务目标

了解 MCGS 组态软件性能。

在组态概念出现之前,要实现某一任务都是通过编写程序来实现的。编写程序不但工作量大、周期长,而且容易犯错误,不能保证按时完成。组态软件的出现解决了这个问题。

子任务一　与工控组态的初次见面

在使用工控软件中,经常提到组态一词,组态的英文是 Configuration,简单地讲,组态就是用应用软件中提供的工具和方法,完成工程中某一具体任务的过程。

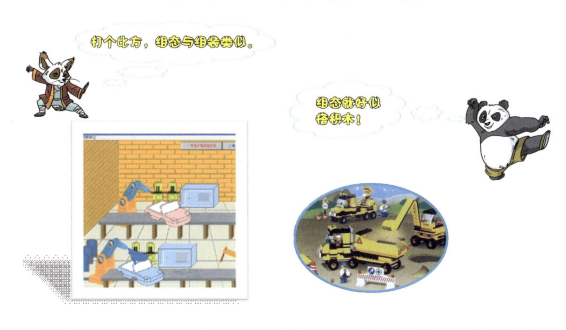

组态就好比组装一台计算机,事先提供了各种型号的主板、机箱、电源、CPU、显示器、硬盘、光驱等,然后用这些部件组装成自己需要的计算机。

当然软件中的组态要比硬件的组装有更大的发挥空间,因为它一般要比硬件中的"部件"更多,而且每个"部件"都很灵活,因为软部件都有内部属性,通过改变属性可以改变其规格(如大小、性状、颜色等)。

组态的概念最早出现在工业计算机控制中,如 DCS(集散控制系统)组态、PLC(可编程控制器)梯形图组态。人机界面生成软件就称为工控组态软件。

在工控领域，有许多组态软件，如：

WinCC、InTouch　　iFIX MCGS　　组态王……

我来归纳：组态软件是指一些数据采集与过程控制的专用软件，它们是在自动控制系统监控层一级的软件平台和开发环境。使用灵活的组态方式，可以为用户提供快速构建工业自动控制系统监控功能的、通用层次的软件工具。

组态软件的应用领域很广，它可以应用于电力系统、给水系统、石油、化工等领域的数据采集与监视控制以及过程控制等诸多领域。

子任务二　了解MCGS组态软件性能

组态软件是有专业性的。一种组态软件只能适合某种领域的应用，下面以MCGS嵌入版组态软件为载体进行练习！

我去搜集有关功能资料

　　MCGS（Monitor and Control Generated System，监视与控制通用系统），是北京昆仑通态自动化软件科技有限公司研发的一套基于Windows平台的，用于快速构造和生成上位机监控系统的组态软件系统。

MCGS组态功能如下：

（1）简单灵活的可视化操作界面

MCGS嵌入版采用全中文、可视化、面向窗口的开发界面，符合人们的使用习惯和要求。以窗口为单位，构造用户运行系统的图形界面，使得MCGS嵌入版的组态工作既简单直观，又灵活多变。

（2）实时性强，有良好的并行处理性能

MCGS嵌入版充分利用操作平台的多任务、按优先级分时操作的功能，以线程为单位对在工程作业中实时性强的关键任务和实时性不强的非关键任务进行分时并行处理，使嵌入式PC

广泛应用于工程测控领域成为可能。

(3) 丰富、生动的多媒体画面

MCGS 嵌入版以图像、图符、报表、曲线等多种形式，为操作员及时提供系统运行中的状态、品质及异常报警等相关信息；用大小变化、颜色改变、明暗闪烁、移动翻转等多种手段，增强画面的动态显示效果；对图元、图符对象定义相应的状态属性，实现动画效果。MCGS 嵌入版还为用户提供了丰富的动画构件，每个动画构件都对应一个特定的动画功能。

(4) 完善的安全机制

MCGS 嵌入版提供了良好的安全机制，可以为多个不同级别用户设定不同的操作权限。此外，MCGS 嵌入版还提供了工程密码，以保护组态开发者的成果。

(5) 强大的网络功能

MCGS 嵌入版具有强大的网络通信功能，支持串口通信、Modem 串口通信、以太网 TCP/IP 通信，不仅可以方便快捷地实现远程数据传输，还可以通过 Web 浏览功能，在整个企业范围内浏览监测到的整个生产信息，实现设备管理和企业管理的集成。

(6) 多样化的报警功能

MCGS 嵌入版提供多种不同的报警方式，具有丰富的报警类型，方便用户进行报警设置，并且能够实时显示报警信息，对报警数据进行存储与应答，为工业现场安全可靠地生产运行提供有力的保障。

(7) 支持多种硬件设备，实现"设备无关"

MCGS 嵌入版针对外部设备的特征，设立设备工具箱，定义多种设备构件，建立系统与外部设备的连接关系，赋予相关的属性，实现对外部设备的驱动和控制。用户在设备工具箱中可方便地选择各种设备构件。不同的设备对应不同的构件，所有的设备构件均通过实时数据库建立联系，而建立时又是相互独立的，即对某一构件的操作或改动，不影响其他构件和整个系统的结构，因此 MCGS 嵌入版是一个"设备无关"的系统，用户不必因外部设备的局部改动，而影响整个系统。

(8) 方便控制复杂的运行流程

MCGS 嵌入版开辟了运行策略窗口，用户可以选用系统提供的各种条件和功能的策略构件，用图形化的方法和简单的语言构造多分支的应用程序，按照设定的条件和顺序，操作外部设备，控制窗口的打开或关闭，与实时数据库进行数据交换，实现自由、精确地控制运行流程，同时也可以由用户创建新的策略构件，扩展系统的功能。

(9) 良好的可维护性

MCGS 嵌入版系统由五大功能模块组成，主要的功能模块以构件的形式来构造，不同的构件有着不同的功能，且各自独立。三种基本类型的构件（设备构件、动画构件、策略构件）完成了 MCGS 嵌入版系统的三大部分（设备驱动、动画显示和流程控制）的所有工作。

(10) 设立对象元件库，组态工作简单方便

对象元件库，实际上是分类存储各种组态对象的图库。组态时，可把制作完好的对象（包括图形对象、窗口对象、策略对象以至位图文件等）以元件的形式存入图库中，也可把元件库中的各种对象取出，直接为当前的工程所用，随着工作的积累，对象元件库将日益扩大和丰富。这样解决了组态结果的积累和重新利用问题，组态工作将会变得越来越简单、方便。

总之，MCGS 嵌入版组态软件具有与 MCGS 通用版组态软件一样强大的功能，并且操作简单，易学易用，普通工程人员经过短时间的培训就能迅速掌握多数工程项目的设计和运行操作。同时，使用 MCGS 嵌入版组态软件能够避开复杂的嵌入版计算机软、硬件问题，而将精力集中于解决工程问题本身。根据工程作业的需要和特点，组态配置出高性能、高可靠性和高度专业化的工业控制监控系统。

MCGS 组态系统应用界面如图 5-2 ～ 图 5-4 所示。

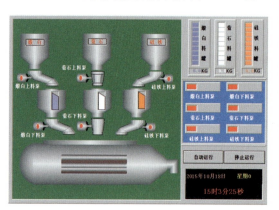

图 5-2　设备监控　　　　　　　　　　图 5-3　数据监控

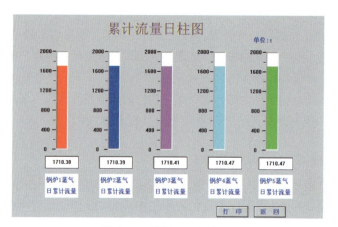

图 5-4　数据显示与分析

根据工程作业的需要和特点，组态可以配置出高性能、高可靠性和高度专业化的工业控制监控系统。MCGS 嵌入版组态软件的特点总结如表 5-3 所示。

我来调研总结特点！

表 5-3　MCGS 嵌入版组态软件的特点

项　目	内　容
容量小	整个系统最低配置只需要 2 MB 的存储空间，可以方便使用 DOC 等存储设备
速度快	系统的时间控制精度高，可以方便地完成各种高速采集系统，满足实时控制系统要求
成本低	系统最低配置只需要主频为 24 MB 的单板计算机，大大降低了设备成本
真正嵌入	运行于嵌入式实时多任务操作系统
稳定性高	无硬盘，内置看门狗，加电重启时间短，可在各种恶劣环境下稳定长时间运行
功能强大	提供中断处理，定时扫描精度可达到毫秒级，提供对计算机串口、内存、端口的访问，并可以根据需要灵活组态
通信方便	内置串行通信功能、以太网通信功能、Web 浏览功能和 Modem 远程诊断功能，可以方便地实现与各种设备进行数据交换、远程采集和 Web 浏览
操作简便	MCGS 嵌入版和 MCGS 通用版、网络版采用的组态环境，它不但继承了 MCGS 通用版与网络版简单易学的优点，还增加了灵活的模块操作，以流程为单位构造用户控制系统，使得 MCGS 嵌入版的组态操作既简单、直观，又灵活多变
支持多种设备	提供了所有常用的硬件设备的驱动
有助于建造完整的解决方案	MCGS 嵌入版组态环境运行于具备良好人机界面的 Windows 操作系统，它具备与北京昆仑通态公司已经推出的通用版组态软件和网络版组态软件相同的组态环境界面，并可有效地帮助用户建造从嵌入式设备、现场监控工作站到企业生产监控信息网在内的完整解决方案，也有助于将用户开发的项目在这三个层次上的平滑迁移

知识、技能归纳

MCGS 嵌入版组态软件与其他相关的硬件设备结合，可以更快速、更方便地开发各种用于现场采集、数据处理的控制设备。并且兼容全系列昆仑硬件产品。

工程素质培养

思考一下：MCGS 嵌入版组态软件的特点。

任务三　工业机器人

任务目标

了解工业机器人的功能、作用及特点。

扫一扫

工业机器人循环生产线实训装备

机械手技术涉及力学、机械学、电气液压技术、自动控制技术、传感器技术和计算机技术等科学领域，是一门跨学科的综合技术。当前，应用于工业领域的有三菱、库卡、ABB 等多个公司的机器人。全套系列的工业机器人和机器人系统已经涵盖了所有负载等级和机器人类型。例如，各种规格的六轴机器人、货盘堆垛机器人、龙门架机器人、净室机器人、不锈钢机器人、耐高温机器人、SCARA 机器人、焊接机器人等。标准型机器人或架装式机器人，以及重负载机器人可安装在地面或天花板上，其功能完善、应用灵活，工业机器人采用模组化构造，可以简便而迅速地进行改装，以适应其他任务的需要。所有机器人均通过一个高效可靠的微机控制平台进行工作。

子任务一　与工业机器人的初次见面

机器人按 ISO 8373 定义为：位置可以固定或移动，能够实现自动控制、可重复编程、多功能多用处、末端操作器的位置要在三个或三个以上自由度内可编程的工业自动化设备。这里自由度就是指可运动或转动的轴。

工业机械手是近几十年发展起来的一种高科技自动化生产设备。工业机械手是工业机器人的一个重要分支。它的特点是可通过编程来完成各种预期的作业任务，在构造和性能上兼有人和机器的优点，尤其体现了人的智能和适应性。机械手作业的准确性和各种环境中完成作业的能力，在国民经济各领域有着广阔的发展前景。下面介绍常见的机器人。

1. 码堆作业机器人

对象作业：主要在产品出厂工序和仓库的储存保管时进行的作业。该作业是将几个产品放在托板或箱内，在产品出厂或仓库存储保管时使用。如果靠人工搬运数量庞大的产品，不仅任务艰巨，作业效率也会非常低。使用码堆作业机器人（见图 5-5），就能够在短时间内按照订单将各类产品大量、迅速地堆积在托板上交付。例如，三菱电机的码堆作业机器人 RV-100TH 可搬运最重 100 kg（含机械手）的货物。

2. 密封作业机器人

对象作业：在机械手前端安装涂敷头，进行密封剂、填料、焊料涂敷等作业。密封作业机器人（见图 5-6）必须对密封部位进行连续、均匀涂敷。因此，进行示教、编程时必须考虑涂敷作业的技术。例如，须处理好涂敷开始时的行走等待时间，涂敷停止时间，从而确保轨迹精度等因素。

图 5-5　码堆作业机器人

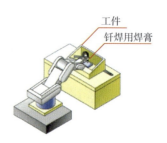

图 5-6　密封作业机器人

3. 浇口切割作业机器人

对象作业：切割塑料注塑成形时产生的浇口。在机械手前端装上切割工具（剪钳等）进行作业。为了切割位于复杂位置处的浇口，使用可适应各种姿势的具有五轴、六轴自由度垂直多关节机器人，如图 5-7 所示。

4. 工件装、卸作业机器人

对象作业：用于在机床（NC 车床）的工件夹头上安装未加工的工件，并且将加工结束后的工件取下。因为在整个工作流程中，使工件整齐排列等作业比较复杂，因此必须使用五轴、六轴自由度的机器人，并且在结构上能承受车床加工时产生的粉尘（烟雾）的机器人，如图 5-8 所示。

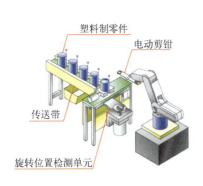

图 5-7　浇口切割作业机器人

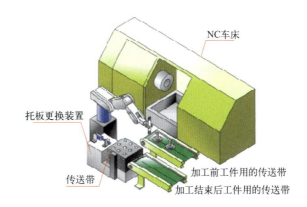

图 5-8　工件装、卸作业机器人

5. 洁净室作业机器人

对象作业：用于半导体制造工序和液晶制造工序等需要非常清洁的环境，通常在"洁净室"这个特别的空间中运行，如图 5-9 所示。简而言之，就是设计成不产生灰尘（尘埃）的机器人。为此，伺服系统全部采用 AC 伺服，旋转部分均做了密封处理。此外，还通过真空装置将机器人内部的粉尘排放到洁净室的外部。

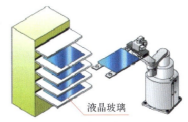

图 5-9　洁净室作业机器人

子任务二　了解工业机器人的性能

1. 工业机械手的功能

机械手是一种能自动定位，并可重新编程进行控制的多功能机器。它有多个自由度，可用来搬运物体以完成在不同环境中的工作。

机械手由五部分组成：执行机构、驱动-传动机构、控制系统、智能系统、远程诊断监控系统。

机械手的设计构想是以人的手为基础，以机械设备为载体来实现人的动作，其动作由以下四部分来实现：

① 自由度的旋转；
② 肩的前后动作；
③ 肘的上下动作；
④ 腕(手)的动作。

驱动-传动机构与执行机构是相辅相成的，在驱动系统中可以分为机械式、电气式、液压式和复合式，其中液压式操作力最大。

2. 工业机器人的分类

工业机器人按其结构形式及编程坐标系主要分为直角坐标机器人、圆柱坐标机器人、极坐标机器人和关节机器人等；按主要功能特征及应用分为移动机器人、水下机器人、洁净机器人、焊接机器人、手术机器人和军用机器人等。机器人学涉及机器人结构、机器人视觉、机器人运动规划、机器人传感器、机器人通信和人工智能等许多方面，不同用处的机器人涉及不同的学科。工业机器人按结构形式及编程坐标系分类介绍如下：

类型	示意图	实物图
直角坐标机器人	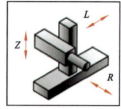	
特点：刚性、定位精度优异，便于控制；移动速度不快；作业范围小于占地面积；适用于需要在流水线加工机械上装卸工件、X、Y轴定位的作业、码垛堆积作业、高精度作业		
圆柱坐标机器人	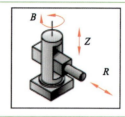	
特点：动作范围不再局限于正面，而是扩展到两个侧面，但向上倾斜、向下倾斜的移动有所限制，迂回等复杂动作难以执行。刚性、定位精度优异，操作也方便。具有回转功能，因此前端部的线速度很快。适用于机械上的工件安装、装箱作业等装卸作业		
极坐标机器人	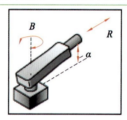	
特点：作业空间向上、下方扩展，在低于或高于机器人躯体的位置处进行作业时，机械臂可上下回转。可进行某种程度的迂回作业。可搬运的工件质量小于其他形态的机器人。适用于点焊、喷涂等空间位置较复杂的作业及曲面仿形加工作业。（目前，这种结构的机器人几乎不被采用）		
关节机器人		
特点：迂回运动性能优良；机械手可绕到物体后方作业；可完成复杂动作；活动面积大于占地面积。各机械臂均做圆周运动，适用于高速作业；精度、刚性、可搬运质量较差，操作比较复杂；适用于组装作业和复杂的曲面随动等作业		

知识、技能归纳

工业机器人由主体、驱动系统和控制系统三个基本部分组成。主体即机座和执行机构，包括臂部、腕部和手部，有的机器人还有行走机构。大多数工业机器人有3~6个运动自由度，其中腕部通常有1~3个运动自由度；驱动系统包括动力装置和传动机构，用以使执行机构产生相应的动作；控制系统是按照输入的程序对驱动系统和执行机构发出指令信号，并进行控制。

具有触觉、力觉或简单视觉的工业机器人，能在较为复杂的环境下工作，如具有识别功能或进一步增加自适应、自学习功能，即可成为智能型工业机器人。

工程素质培养

查阅相关公司的工业机器人的资料。思考一下,如何将工业机器人应用到自动化生产线中?并且如何选型、安装调试?

任务四　柔性生产线技术的展望

 **任务目标**

1. 认识柔性生产线;
2. 了解柔性生产线工艺设计的主要原则。

传统生产工艺的特点是:品种单一、批量大、设备专用、工艺稳定、效率高。

随着人类对产品的功能与质量的要求越来越高,产品更新换代的周期越来越短,产品的复杂程度也随之增高,传统的大批量生产方式受到了挑战。为缩短产品生产周期,降低产品成本,最终使中小批量生产能与大批量生产抗衡,柔性自动化系统便应运而生。

子任务一　柔性生产线简介

柔性生产线是将微电子学、计算机和系统工程等技术有机地结合起来的一种技术复杂、高度自动化的系统。

柔性生产线是保证企业生产适应市场变化的有效手段,可根据需要调整设备组合和适应多种加工工艺,这种生产线能使多品种、小批量的产品生产速度与单一品种大批量的产品生产速度相似,使劳动生产率大幅度提高,生产成本下降,产品质量更有保证,因而能够增强企业的市场适应能力。

柔性生产线技术是典型机电一体化技术的应用。在此我们了解一下有关柔性生产线的基本知识。

1. 机械制造业柔性生产线的构成

我们已经知道了柔性生产线技术的概念,现在以机械制造业柔性生产线为例,说明柔性生产线的构成与作用,如表 5-4 所示。

表 5-4　柔性生产线的构成与作用

构　成	作　用
自动加工系统	以成组技术为基础,把外形尺寸(形状不必完全一致)、质量大致相似、材料相同、工艺相似的零件集中在一台或数台数控机床或专用机床等设备上加工的系统
物流系统	由多种运输装置构成(如传送带、机械手等),完成工件、刀具等的供给与传送的系统,它是柔性生产线主要的组成部分
信息系统	指对加工和运输过程中所需各种信息的收集、处理和反馈,并通过电子计算机或其他控制装置(如液压、气压装置等)对机床或运输设备实行分级控制的系统
软件系统	指保证柔性生产线用电子计算机进行有效管理的必不可少的组成部分。它包括设计、规划、生产控制和系统监督等软件

柔性生产线适合于年产量 1 000 ~ 100 000 件之间的中小批量生产。

2. 机械制造业柔性生产线的形式

柔性生产线有三种形式:柔性制造单元(FMC)(见图 5-10)、柔性制造系统(FMS)(见图 5-11)、独立制造岛(AMI),它们的构成如表 5-5 所示。

表 5-5 柔性生产线的三种形式

形 式	构 成
柔性制造单元（FMC）	FMC 形式通常由 1～2 台加工中心构成，并具有不同形式的刀具交换和工件的装卸、输送及存储功能。除了机床的数控装置外，还有一个单元计算机来进行程序和外围设备的管理。FMS 适于小批量生产、形状比较复杂、工序不多而加工时间较长的零件
柔性制造系统（FMS）	FMS 形式由 2 台以上的加工中心及清洗、检测设备组成，具有较完善的刀具和工件的输送和存储系统。除调度管理计算机外，还有过程控制计算机和分布式数控终端等，形成多级控制系统组成的局部网络
独立制造岛（AMI）	AMI 形式是以成组技术为基础，由若干台数控机床和普通机床组成的制造系统，其特点是将工艺技术装备、生产、组织管理和制造结合在一起，借助计算机进行工艺设计、数控程序管理、作业计划编制和实时生产调度等。其使用范围广、投资相对较少、柔性较高

图 5-10 柔性制造单元（FMC）

图 5-11 柔性制造系统（FMS）

3. 柔性生产线的主要优点

柔性生产线的主要优点，如表 5-6 所示。

表 5-6 柔性生产线的主要优点

优 点	具 体 说 明
利用率高	一组机床编入柔性生产线后，产量比这组机床在分散单机作业时的产量提高数倍
产品质量高	自动加工系统由一或多台机床组成，发生故障时，有降级运转的能力，物料传送系统也有自行绕过故障机床的能力
形式稳定	零件在加工过程中，装卸一次完成，加工精度高，加工形式稳定
运行灵活	有些柔性生产线的检验、装卡和维护工作可在第一班完成，第二、第三班可在无人照看下正常生产。在理想的柔性生产线中，其监控系统还能处理诸如刀具的磨损调换、物流的堵塞疏通等运行过程中不可预料的问题
应变能力大	刀具、夹具及物料运输装置具有可调性，且系统平面布置合理，便于增减设备，满足市场需要

子任务二　了解柔性生产线工艺设计的主要原则

柔性生产线工艺设计的主要原则如表5-7所示。

表5-7　柔性生产线工艺设计的主要原则

主要原则	具体说明
计算生产节拍 (Take Time)	生产节拍(T.T)=每日有效的工作时间(s)/每日顾客的需求量(件)×产品模数 每日有效的工作时间(s)=每天工作小时数-工间休息-其他延误
确定每一操作工位的加工元素	单个加工元素被逻辑地组织在一起构成一系列操作。基于机器周期时间(包括装载、夹紧、定位、更换刀具、排出、卸载等)不可能长于计划周期时间的事实,在这一步骤提供了所需设备数目的原始指标。必要时压缩加工设备,尽可能多地将零件放于同一工位上加工,减少浪费
操作描述	将每一个工序分步描述,并确定其是属于加工、操作、检验、耽搁还是存放,所谓加工是指零件的合成,是有价值的操作,而零件的取放、零部件的检验、工序间的耽搁、零件的存放都被视为无价值的操作,并对有价值和无价值的操作考核、记录
确定每一操作工位的人工操作时间	将分步描述的内容归类,确定成为瓶颈环节的操作工位,以作潜在的工艺改进
确定所需工人的大致人数	为确定计划周期时间下所需工人的大致人数,可采用下式计算:工人的大致人数(MIN)=总的人工操作时间(s)/计划周期时间(s)。由于在总的人工操作时间中没有考虑行走和测量时间,因此,在计算所需工人的大致人数时,一定要把所得数向上计为整数
确定每个工人负责的操作数	研究设备的布局,确定机器的组合,以便使每一个工人在计划周期时间内完成分派的操作任务。这里,机器的操作时间未考虑,因为工人可以在工艺与工艺装备之间进行其他工作,而工人行走时间在这一步骤必须被计入。在这里也要对工作量进行重新均衡,均衡是要提高某一个工人的工作负荷,最终使所有的闲置时间都推至最后操作工位的工人那里,使他可以再去完成一些额外的工作,如果做进一步的改进工作,通过工人的重新配置从而提高生产能力
为每一台机器完成一份任务组合表	机器平衡图是机器加工过程的时间序列图,用于识别、加工流程中无价值的工作(浪费)。人工时间栏用于增值的项目,诸如夹紧、卸下、自动排出和机加工。行走时间栏用于无价值的项目,诸如刀具更换、定位和快速移动等
制订以人为中心的图表(PFP)	用于为每一名工人安排最佳的操作方案;通过把生产过程中必需的库存量控制在最小,实现生产与需求的匹配;测定并不断提高劳动生产率
选择机器	机器应尽可能简单,并具备工艺装备快速更换能力来满足产品多型号生产的要求
完成布置	将上面所述的各项细节综合起来,形成U形、L形或T形的单元布置方案

柔性生产线的设计目标:用最少的加工设备、最少的人员配置,为全面满足顾客的需求而设计出的一个制造流程。设计这样一个制造流程必须能够适应需求的变化,缩短生产周期、缩减库存、实现低的结构成本、具备多型号生产能力、从停机中尽快恢复的能力。

柔性生产线的设备选用原则:好用、够用、适用。

好用

指设备要先进、成熟、可靠,更要经过市场检验,获得用户认可。

够用

指立足于产品精度和生产纲领,满足需要即可。

适用

指要适用于所加工的产品、工作环境、习惯(操作习惯、设备维修习惯、备件选用习惯)等。

配置决定精度、质量、效率和寿命,高质量的配置造就了设备的高精度、高质量、高效率、高寿命。如机床的主轴采用电主轴、高速精密轴承、高速伺服系统、优秀的 CNC 控制系统等。当确定好机床设备后，就要着手进行刀具的选择。刀具选择的一个重要原则就是要充分发挥高效机床的性能和效率，避免机床在低速、低效状态下工作。选用高速、高效、高寿命的刀具单件产品，其综合生产成本可能更低。同时，注意以下问题：

1. 物流及工位容器

生产线的物流应简洁、流畅，确保生产节拍，不出现物流中的产品损伤。生产线的物流包括三种，如图 5-12 所示。

为确保物流可靠，应配有必要的工位容量，工位容器的容量要适当、结实可靠、方便装卸、利于物流，并适当地配置智能料架和料盒。

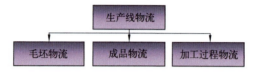

图 5-12　生产线的物流

2. 全过程的质量控制

生产线的质量控制主要是在加工过程中由设备进行控制，也就是说，好产品是加工出来的，而不是检验出来的，生产线的质量控制过程如图 5-13 所示。

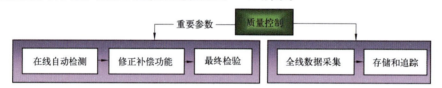

图 5-13　生产线的质量控制过程

3. 生产线的平面布置

生产线在厂房内的平面布置，通常是装配线同机加线垂直布置。布局应间距合理、疏密得当，方便操作、有利物流、适于维修、便于管理。

装配线一般是环形或一字形布局，而机加线常按 U 形、S 形或一字形布局，还要根据生产线的大小、长短、产量、厂房的格局等具体情况而定。

柔性生产线技术将随着计算机技术、光学与传感器技术等多个学科技术的发展，在低成本、高柔性、智能化、环保化、系列化、模块化、管理现代化等方面取得突破。其发展趋势大致有两个方面。一方面是与计算机辅助设计和辅助制造系统相结合，利用原有产品系列的典型工艺资料，组合设计不同模块，构成各种不同形式的具有物料流和信息流的模块化柔性系统。另一方面是实现从产品决策、产品设计、生产到销售的整个生产过程自动化，特别是管理层次自动化的计算机集成制造系统。在这个大系统中，柔性生产线只是它的一个组成部分。

知识、技能归纳

柔性生产技术渗透在工业、农业、轻工业、第三产业等多个领域。

随着计算机技术、光学与传感器技术等多个学科技术的发展，在低成本、高柔性、智能化、环保化、系列化、模块化、管理现代化等方面取得突破。其发展趋势大致有两个方面：

一方面是与计算机辅助设计和辅助制造系统相结合，利用原有产品系列的典型工艺资料，组合设计不同模块，构成各种不同形式的具有物料流和信息流的模块化柔性系统。另一方面是实现从产品决策、产品设计、生产到销售的整个生产过程自动化，特别是管理层次自动化的计算机集成制造系统。在这个大系统中，柔性生产线只是它的一个组成部分。

工程素质培养

思考一下：柔性生产线的优点有哪些？其工艺设计的主要原则是什么？如何对柔性生产线的设备进行选择？

任务五　光机电一体化技术的应用

光机电一体化技术是由机械技术、激光技术与微电子等技术融汇在一起的技术。

这些技术综合形成一个完整的系统，对相互间配合有更严格的要求，这种多种技术的综合及多个部分的组合，使得光机电一体化技术及产品更具有系统性、完整性和科学性。

1. 光机电一体化技术的用途

光机电一体化不仅体现在一些机电一体化的单机产品之中，而且贯穿于工程系统设计之中。图5-14所示为光机电一体化技术应用。

图5-14　光机电一体化技术应用

2. 光机电一体化技术特点

光机电一体化技术改变以往靠机械传动链连接的各个相关动作部分，改用几台电动机分别驱动，或用电力电子器件，或用电子电控装置进行相关动作控制来实现。因此，使机械结构大大简化。

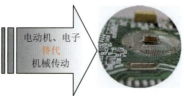

光机电一体化装置或系统各个相关传动机构的动作及功能协调关系，可由预设的程序由电子控制系统指挥，如数控机床、柔性加工系统（FMS）等。有些光机电一体化装置，可实现操作全自动化，如工业机器人、印制电路板、数控高速钻床等。有些更高级的光机电一体化系统，还可通过被控对象的数学模型以及根据任何时刻外界各种参数的变化情况，随机自寻最佳工作程序、动作程度和快慢以及协调关系，以实现最优化工作及最佳操作，例如微机控制的热连轧机钢板测厚自控系统、电梯群控系统、智能机器人等。

采用光机电一体化技术，可以提高精度、增加功能、提高稳定性和延长使用使命，如图5-15所示。

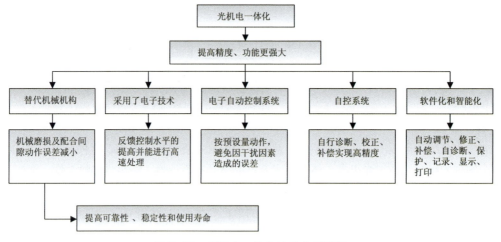

图5-15 光机电一体化技术应用优势

在机械技术中恰当地引入电子技术，产品的面貌和行业的面貌就可以迅速发生巨大变化。产品一旦实现光机电一体化，便具有很高的功能水平和附加价值，将给开发生产者和用户带来巨大的社会经济效益，从而造福于人民，有利于国家。

知识、技能归纳

光机电一体化技术使机械结构大大简化，可以提高精度、增加功能、提高稳定性和延长使用使命，具有很高的功能水平和附加价值，将给开发生产者和用户带来巨大的社会经济效益。

工程素质培养

比较一下，普通机床与数控机床在使用技术上的不同处，分析原因。